JN168195

真夜中は稚魚の世界

坂上 治郎
JIRO SAKAUE

はじめに

『うわっ！　なんだこりゃあー⁉　これはエイリアン……？』

と、ここまで大袈裟でないにしても、ナニコレ？　魚？と、思って本書を手にされている方は多いと思います。実は表紙カバーの写真は、魚の赤ちゃん（ウツボの稚魚）なのです。一般的に「稚魚」は目にすることのない魚です。近所の大型スーパーの鮮魚コーナー、はたまた日本一魚の多い築地市場に行っても、まず目にすることはないでしょう（シラスはイワシの赤ちゃんですが）。水族館あたりまで足を伸ばせば繁殖に成功した魚の赤ちゃんを見るチャンスはあるかもしれませんが、ほとんど公開されていません。図鑑や専門書、そしてインターネットなどで「稚魚」を調べてみると様々な情報が溢れていますが、その多くが標本やスケッチによるもので、生きている姿を見ることはあまりできないでしょう。しかし、本書ではそういった普段目にすることのない魚たちの赤ちゃんが一所懸命生きている姿を紹介しています。

本書に登場する全ての魚が日本の真南3000kmに位置するパラオ共和国で、夜の海に潜って撮影されたものです。写真集のようで図鑑のような本かもしれませんが、世界中を見ても最先端の稚魚研究に関する本であるのは間違いないと自負しております。稚魚研究の大先輩たちを差し置いて筆者の体験と観察から独断的に解説している部分がほとんどではありますが、まさに百聞は一見にしかず。実際の海中で起きている稚魚たちの壮大なドラマを、本書から読み取っていただければこれ以上嬉しいことはありません。

モンスターが幼体から成体へと進化（変態？）する子供たちに大人気のアニメーションがありますが、まったくそれと同じ、いやそれ以上のリアルで驚きの世界がここにあります。これがきっかけで稚魚のフィールド研究に目覚める若者が出て来たらしめたもの。細かいことや難しいこと、専門的なことは他の専門書を参考にさらに勉強していただくとして、まずは本書でその自然の造形美をご堪能ください。そしてこの「生きて泳いでいる姿」を自分の目で見たくなってしまったら一緒に潜って観察しましょう。

2016年5月吉日

坂上治郎

in PALAU

稚魚って何だろう？

「稚魚」とは、読んで字のごとく「魚の赤ちゃん」のことである。もし、哺乳類の赤ちゃんであれば、その赤ちゃんから親の姿形を想像することができるが、魚の場合は稚魚の形から親がほとんど推測できない。そう、多くの稚魚は親とはまったく違った形や色彩をしているのだ。

魚類の多くは卵から孵った後の初期成長段階において、形態変化を行なう。いわゆる「変態（へんたい）(metamorphose)」である。昆虫もイモムシなどの幼虫から蛹になり、そして成虫へと変態を遂げるが、このイモムシ状態ではどういった虫に変態するのかは判別が難しいだろう。つまり稚魚とは、このイモムシの状態だと思っていただけるとわかりやすいだろうか。

卵から孵った魚は、孵化仔魚期→稚魚期→幼魚期→若魚を経て成魚になる。幼魚まで成長すれば成魚に似たような形や色彩をしてくるので、その幼魚がどの魚の子供なのか大体わかってくる。磯採集やダイビングで見られる可愛い小さな魚たちは、たいていこの幼魚期か若魚であろう。

魚の一生を学術的に区分すると、

①卵（殻内胚）：受精してから孵化までの時期（胎生魚は親の体内で発生が進むのでこの時期は見られない）

②仔魚期（しぎょ）：ヒレの条数が種固有の定数に達するまでの時期

③稚魚期（ちぎょ）：鱗の枚数、ヒレの条数などは成魚と同じであるが、体色、体各部の相対的な長さなどが親と異なる時期

④若魚期（わかうお）：体型や模様はほぼ親と同じになるが繁殖はできない時期。幼魚もこの段階に含まれる（種によっては模様や色彩が親とまったく異なるものもいる）

⑤成魚期（せいぎょ）：繁殖可能な時期

となる。本書では、成魚とは違う姿・色をして浮遊している時期の魚を稚魚として紹介したい。

ハタ科魚類の成長過程

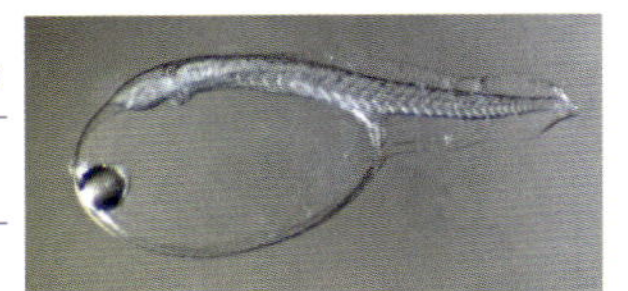
卵から孵ったばかりの孵化仔魚。この段階では、多くの魚類で形態が似通っている。

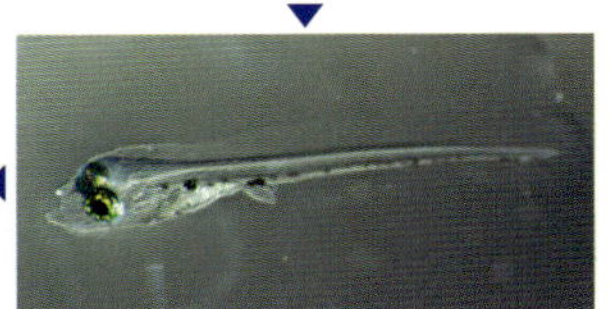
少し成長した仔魚。もうしばらくすると、ヒレの元となる骨格が形成されて、一気にヒレが伸びて稚魚の形態へと変態を遂げる

変態が落ち着き、背ビレと腹ビレの棘条が伸長した典型的なハタ科の稚魚

第二段階目の変態期を迎えた稚魚。棘が短くなり、形態がよりハタらしくなる。体は未だ透明に近く、まだまだ浮遊生活をする

色彩が出始め、幼魚になりかけている。この時期になると、着底場所を探して中層を彷徨い始める

着底を終え、稚魚を卒業した幼魚。サイズはまだ小さい

完全な成魚。サイズや模様などの違いはあるが、基本的に幼魚期から成魚期への成長では形態的な変化はない

稚　魚　は　真　夜　中　に　出　現　す　る

いわゆる幼魚と呼ばれる魚たちは海岸沿いのタイドプールや港などで観察できる。またダイビングでも、サンゴや岩、海藻などの隙間を覗くと、不安そうに隠れている幼魚を見ることができる。では、幼魚になる前、本書でいう稚魚たちはどういった環境で見られるのだろうか？

稚魚のほとんどは日中の沿岸や浅海域ではあまり見られない。彼らの泳ぎは遅く、また泳力もないので、日中に浅場の海をフラフラと泳いでいたりしたら、たちまち捕食されてしまう。そのため、日中はなるべく目立たないように深い場所や外洋を漂っているのだ。しかし、夜になると稚魚たちは「着底先」を求めて、深場や外洋から一気に浅場へと押し寄せてくる。稚魚たちは闇夜にまぎれて出現するのだ。

従来、そのような稚魚を求めて研究者たちは夜間、船上から漆黒の海面に向けて明るいライトを照らし、そこに集まる稚魚を採集したり、外洋の海面にプランクトンネットを垂らして漂う稚魚を採集したりしてきた。近年、ウナギの卵や稚魚が発見されたのもこの手法だ。しかし、この方法では採集された稚魚のほとんどが死んでしまい、生前の泳いでいる姿とは変わり果てた形になってしまう。そのため、健全な稚魚の姿を見るためには、彼らが泳いでいるタイミングとフィールド、つまり闇夜の海中に我々が入っていく必要があるのだ。真夜中の水中にライトを設置して撮影する手法を「ミッドナイトダイブ」と呼ぶが、本書で紹介する稚魚たちは全てこのミッドナイトダイブによって、夜の海中で「生きている」姿を撮影したものになる。

また、稚魚たちの写真はすべて、筆者の活動拠点であるパラオで撮影したものになる。稚魚たちは世界中のあらゆる水域にいるが、やはり多数・多種を観察しやすい場所となると限定されてくる。稚魚たちは夜になると深場や外洋から浅場に移動してくるのだが、外洋に面しながらも一気に深海から駆け上がれる「ドロップオフ（海中の崖）」があるような場所が、最も稚魚を観察しやすい。このパラオのような地形はまさに稚魚観察をするのにベストなフィールドなのだ。

パラオの真夜中の海、水深わずか数m。水中ライトを設置して稚魚の撮影に臨む

成　魚　の　写　真　に　つ　い　て

本書では、稚魚の解説と共に成魚の写真も掲載しています。しかしながら種の特定が難しい稚魚（「～の一種」と表記している写真）もいるため、その場合は同科または同属の成魚写真を掲載しています。

さあ、稚魚たちの世界へ

TO THE WORLD OF JUVENILE

幻想との境界線

水深わずか数m。 深海に行かずとも、

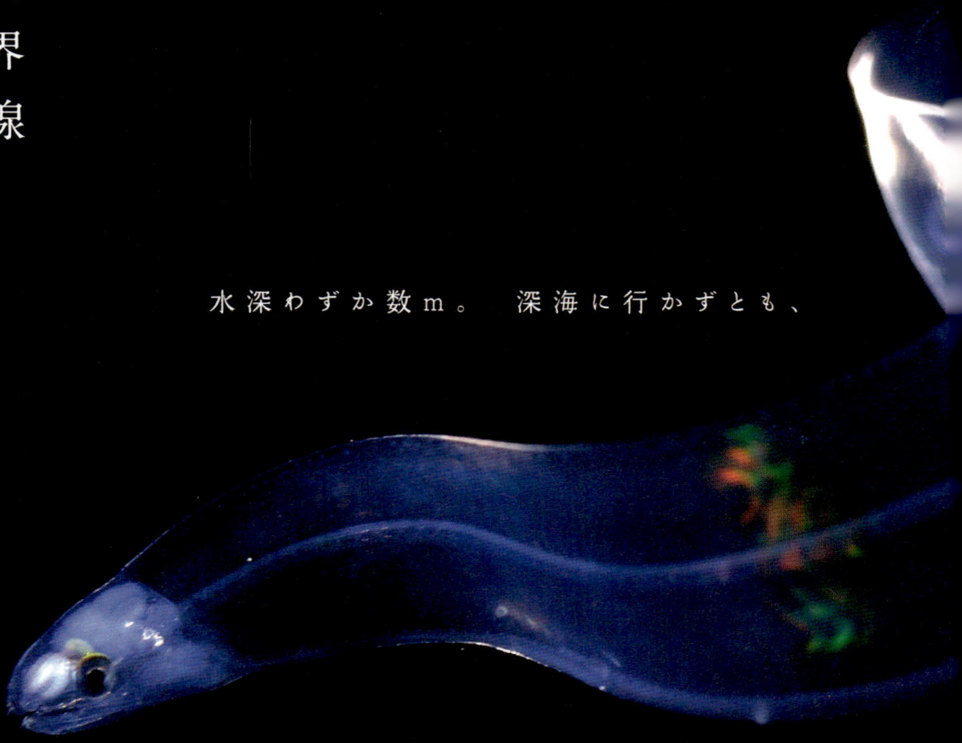

真夜中の海には幻想的な世界が広がる。

ウツボ科の一種
Muraenidae sp.

ウツボ科の一種
Muraenidae sp.

ウツボを含むウナギ目の魚は体が透明で扁平する（平たくなる）、レプトセファルス期（leptocephalus）という稚魚期を送る。その形態から葉形幼生とも呼ばれ、水中で見ると一瞬、頭だけが泳いでいるかのように見えるほど透明な体を持っている。フィールドで観察するまでは知らない生態であったのだが、外的要因の刺激が加わると写真のように丸くなる種がいる。接餌時も同様の行動を行なうようだ。推測ではあるが、この行動はクラゲやサルパ（ホヤの仲間で寒天質に被われた樽のような形をしている）等に擬態しているとも考えられる。また、接餌中はやはり泳ぐことができないので、頭部を防御する意味でもこういった行動をとるのではないだろうか。我々人間も含め、この姿を魚と思えないのは捕食者も一緒なのだろう。

イワアナゴ科の一種
Chlopsidae sp.

まさに葉形幼生 leptocephalus といった形態のイワアナゴ科の一種と思われる稚魚。このグループは外的刺激が加わっても丸まらないので、全てのレプトセファルスが同様の生態を持っているわけではないようだ。

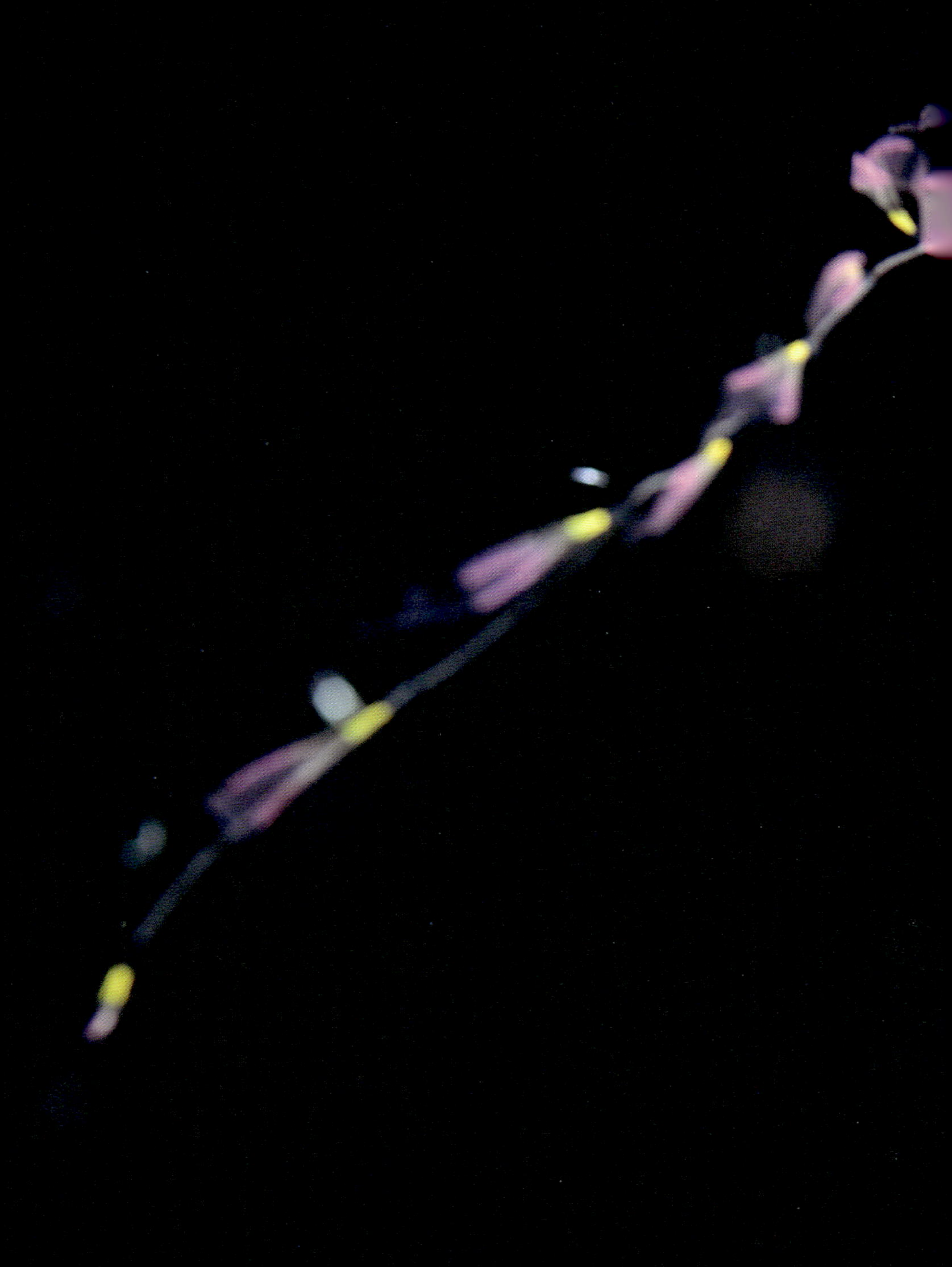

カクレウオ科の一種
Carapidae sp.

カクレウオ科の一種
Carapidae sp.

春雨が泳いでいる!?　と思わずにはいられない形態の魚で、ファーストコンタクトは衝撃であった。このグループの特徴でもある、体長と同じ長さの軍旗（vexillum）というヒレの一部を頭部に持ち、長いものでは体長と同じくらいに伸びる。この軍旗に付いてる皮弁の形は種によって違うようで、パラオでは数タイプを見かける。当時本種と比較できる写真がクマノカクレウオ属 *Echiodon* のものしかなかったため、一般的にエキオドンと呼んでいたが、カクレウオ属 *Encheliophis* の可能性も。軍旗の皮弁がヒラヒラする様はそれこそクラゲの触手のようであり、遊泳速度が遅い割には捕食されにくいようだ。走光性が非常に強く、水中ライトに一直線に寄って来る。

成魚はナマコなどの体腔内に隠れ棲むことでも有名。

闇夜に浮かぶ

暗闇の中、ゆっくりと浮遊する稚魚たち。
彼らは浮遊に適応するために、大人とは
異なった姿形を選んだ。

クダリボウズギス亜科の一種
Pseudaminae sp.

クダリボウズギス亜科の一種
Pseudaminae sp.

ヒレを拡げた姿はセミホウボウのように見えるが、実はこの派手なヒョウ柄模様のヒレは腹ビレ。大なり小なり腹ビレが伸長するのは、このグループの稚魚に見られる特徴である。姿を大きく見せて威嚇しているというよりは、浮遊適応のために特化していると考えられる。成長と共にこの派手な腹ビレは退縮し、短く小さくなっていく。ヒレを広げたまま暗闇を漂っているが、ひとたび危険が迫るとヒレを畳んで素早く逃げる。日中は深い場所で過ごしていると思われ、この姿を拝むことはまずない。そもそもこの海域では成魚すら見当たらないため、その生態は現在調査中である。

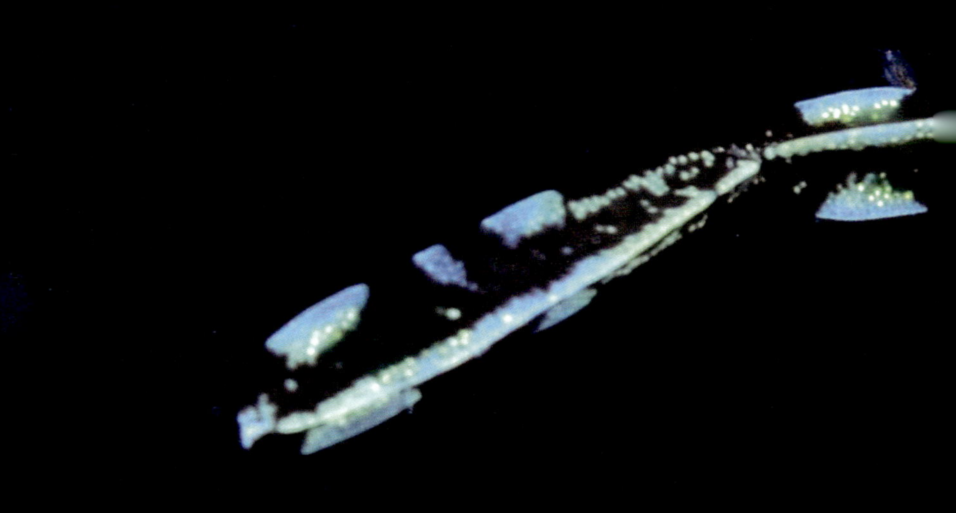

ハナスズキ属の一種
Liopolopoma sp.

オレンジ色の体後方から、円を描くように黒っぽい何かが連なる不思議な魚。この伸長しているものは、実は背ビレの一部である。これが実際にどう機能しているのかは不明であるが、フロート代わりにしての浮遊適応、もしくは刺胞動物の触手擬態であると考えられる。また、このフロートは自切することもできるようで、普段は重そうに引っ張ってよたよたと泳いでいたかと思えば、自切した後は急に素早く泳ぎ出し、あっというまに岩穴の中に隠れてしまう。素早く泳ぐためにはこの長いフロートはやはり邪魔なのだろう。自切する前は泳ぐのが遅く、それだけ捕食の危険性を孕んでいるはずなのだが、それを覆す秘密がこのフロートには隠されているようだ。

カエルアンコウ属の一種
Antennarius sp.

銀色の小魚が透明な皮をまとっているような姿の生物が中層に浮いていた。目があるからクラゲではないようだ。サイズは6～7mmで、肉眼ではヒレまで確認できない。写真を撮ってじっくり見ても、銀色の魚が何者かに飲み込まれているようにしか見えない。

実はこれ、カエルアンコウ属の稚魚なのだ。写真の稚魚は体の模様が出始めているが、もう少し幼い稚魚はこの模様がまったく見えないので、より判断しづらい。カエルアンコウの成魚の体はたるんだ水風船のようにブヨブヨしているが、実はこのブヨブヨした体の中にしっかりした本体がこのように存在していることを、本種の稚魚を観察して初めて認識させられた。

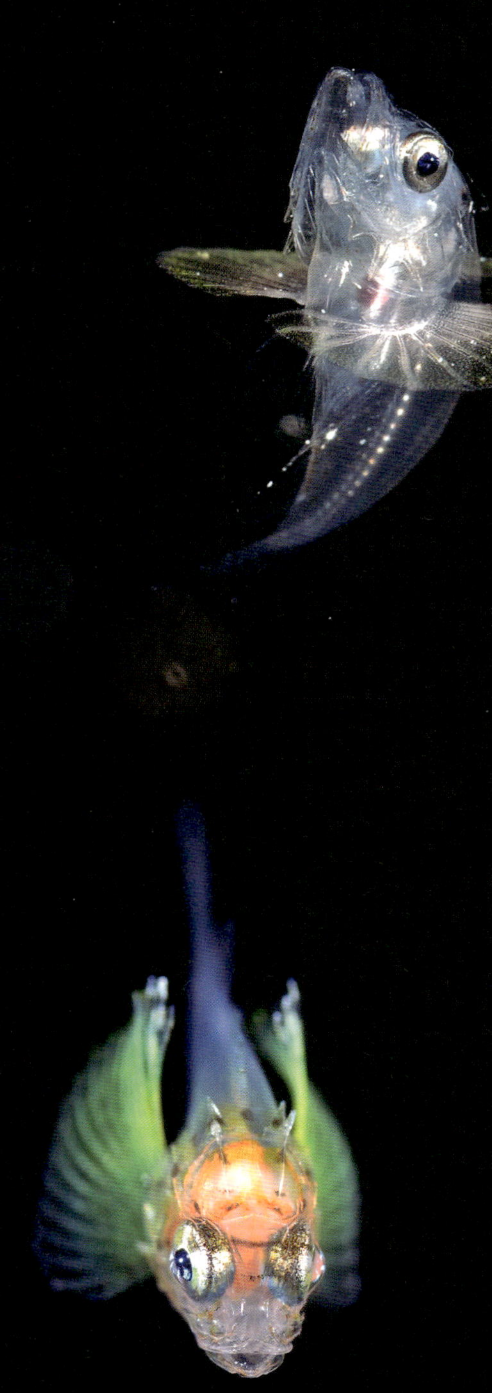

フサカサゴ科の一種
Scorpaenidae sp.

黄色いソーラーパネルを拡げ、真っ暗な宇宙空間を漂う目玉が付いた人工衛星……に見えるのはフサカサゴ科の稚魚。このグループの成魚は立派な胸ビレを備え、背ビレを中心に毒を持つ種が多い。稚魚期においても胸ビレが発達するが、用途は浮遊のようだ。中層を漂いながら目の前にプランクトンが現れると次々と捕食していく様は、さながらキラーサテライト。オパールのような虹彩もそうであるが、頭部周辺には本科の特徴でもある立派な棘をすでに備えている。この棘が防御の役割を果たしているのか、背ビレの原基部にすでに毒を持つのかは不明であるが、捕食されているのを見たことがない。もしかするとじっとしていることによりクラゲ擬態の効果があるのかもしれない。

ネッタイミノカサゴ
Pterois antennata

ここまで大きくなればどの種なのか容易に推測できる、ほぼ幼魚といった感じの個体。しかし、まだ体は透明で、着底先を求めて浮遊している段階である。この時期の稚魚になると完全に成魚と同じ計数形質を確認でき、どの魚種の稚魚なのか判別しやすい。同様のサイズで色彩が出現している個体をよく見かけることから、写真の個体も間もなく着底するであろうことが伺える。断言はできないが、前ページのフサカサゴ科の一種は実はこのネッタイミノカサゴの稚魚ではないかとも睨んでいる。同じタイミングで産卵から、卵塊（胚）、稚魚、幼魚、成魚まで一気に観察できてしまう貴重な魚である。

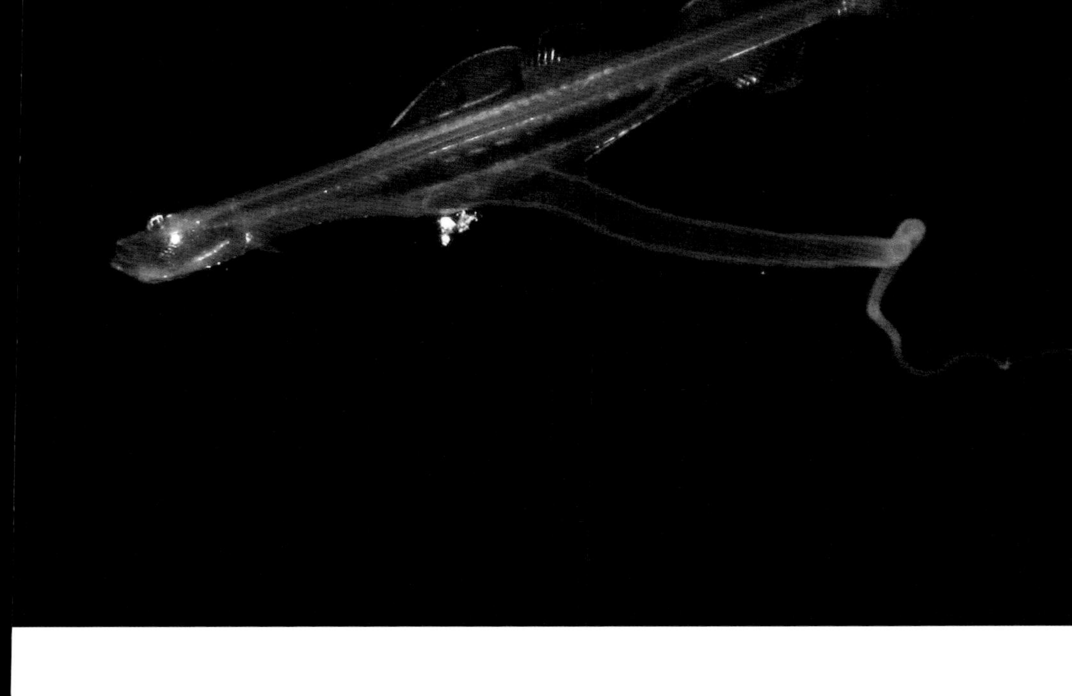

トカゲハダカ科の一種
Astronesthidae sp.

いわゆる深海魚の稚魚。生態写真は世界初公開ではないだろうか。分布域は相模湾から西太平洋、果てはインド洋と広く分布している。分布域は広いのだが、そもそもの生息水深が大変深いので、通常のダイビングではまず見ることのない魚。成魚は深海に棲むが、稚魚期には外洋の浅海まで上がって来るようである。一見、この姿からは親をイメージするのは大変難しい。腹部の辺りから体外に飛び出して伸びているのは「外腸」という器官で、浮遊適応のためかこのグループの稚魚の多くに見られる特徴である。全長は5cmくらいで、暗闇を泳ぎもせずにじっとした状態で漂っていた。過去にも一度きりの一期一会の衝撃的出会いの稚魚であった。

Column 1

命がけの成人式

・着底とは

魚の生活史中、最大のイベントとも言えるのが「着底」だ。卵から外の世界に飛び出す「孵化」も大きなイベントではあるが、生残率を考えればそれほど大きなイベントとは思われない。このコラムでは、魚が生まれてから、その着底できるまでの過程をざっと考えてみよう。

まず、魚が卵から孵化すると、孵化仔魚となって水中を漂う。この浮遊段階ではまだ親からもらった栄養源となる卵黄嚢（Yolk sac）があるので、何もせずただ流れに任せて浮いていれば良い。しかし、じっとしていても、成長と共に日々その栄養分は吸収されていく。やがて卵黄を利用し尽くすわけであるが、その頃には眼と口が開く。仔魚にとっては初めて外の世界を見る瞬間だ。しかし、そこから仔魚は能動的に餌を食べ始めなければならない。親にもらったお弁当はもうないのだ。つまり生きていくために餌を求めて自ら泳ぐ必要がある。この頃になると魚として泳ぐための骨格、ヒレが出来上がってくる。まず一番始めにしっかりと骨格形成されるのは尾ビレ。この頃は魚の成長速度が最も早い時期でもあるので、水中に漂う微小プランクトンなどの餌を常時食べなければならない。そして、各ヒレもだんだんとでき上がり魚らしくなってくる。

外洋の何にもない空間。周囲は餌だらけの居心地の良い空間だ。しかし、成長と共にそういった中層に漂うプランクトンだけでは成長が維持できなくなってくる。骨格も完成し、全てのヒレも生え揃い、透明な体ではあるが一人前になってきた。だが餌が足りない。もっと豊富に、もっと大きな餌が必要だ。そうすると生態的に多様度の高い水域へ移動しなければならない。そこで稚魚たちは、外洋の表層や中層、または中深層から成魚が生活している空間を、最終的には繁殖を目的とした生活空間を目指し始める。これが「着底」である。

・着底の障壁

ところがである。リーフ（サンゴ礁）は生物的多様度が高い成魚たちが生活する空間。着底する場所は、その稚魚の成魚だけが生息しているわけではないのだ。小さくて、動きが遅い稚魚。こんな連中がリーフの近くにやってくれば、別の魚や生物にとっては格好の捕食対象。もちろん外洋を漂っている時でもマグロやカツオに捕食されることもあるし、それこそ卵の段階で数千万の仲間と共にジンベエザメにひと飲みにされてしまうこともある。しかし、そういった困難をくぐり抜け、

・着底失敗

サンゴの上に着底してしまったマダラエソの稚魚。砂地を求めまた浮遊しなければならない

着底し、物陰に身を潜めていたが、イモガイの毒針に刺され食べられてしまったイットウダイ科の稚魚

やっと成長して大人たちの世界に踏み込もうとしている稚魚にとって、着底する際の障壁はまだまだ大きく厚いのだ。

リーフを目指してやってくる稚魚たちにとっての第一の障壁が、リーフ手前の中層を生活空間としている魚やクラゲ類。彼らによって多くの稚魚たちが捕食されてしまう。マンタなどもその捕食者の代表で、リーフの入り口では稚魚を含めたプランクトンが多く流れて来るので、昼夜問わずグルグル回って捕食を行なっている。

そして、上手く第一の障壁を突破した稚魚を待ち構えているのは第二の障壁。リーフ周辺を生活空間にしているフエダイやイットウダイなどの仲間が、リーフに近づく稚魚をめがけて素早く躍り出る。稚魚はこういった捕食者たちに着底の直前に食べられてしまう。おそらく、この第二の障壁まででほとんどの稚魚が命を落とすのではないだろうか。

そこをなんとか乗り越え、やっと着底したかに思えた稚魚たちは、そこがどこだかわからずオロオロするばかり。次は第三の障壁だ。リーフ内で生活している魚類や生物に、無防備な稚魚たちは片っ端から吸い込まれるように捕食されていく。

運良くこれら捕食者からの難を逃れ、サンゴなどの目的の着底場所に辿り着いた稚魚。ようやく安住の地……と思う余裕もなく、第四の障壁。せっかく着底した場所でも同種の先住者がいれば、追い出されて再び浮遊生活に逆戻りしなければならない。また、本来の着底場所ではないところに着底してしまい、再度の浮遊を余儀なくされることもある。その場合もまた第一、第二の障壁からやり直しになる。

夜のリーフはこれの繰り返しである。であれば日中に着底すればいいのか？　いやいや、日中の明るく視認性の高いリーフに近づこうものなら、1尾たりともリーフには辿り着けないであろう。そのため多くの稚魚は透明な体を利用し、闇夜にまぎれて着底を狙うのである。しかし、以上のように着底するためには幾多の障壁を突破しなければならない。無事着底できる稚魚はごく少数だけ。着底できた個体がゼロ、なんて日もたくさんあるだろう。イワシの仲間のように着底しないグループも多数あるが、一般的にリーフを主生活空間にしている魚たちは、着底を経て成魚になる。

稚魚が成魚になるのはこれだけ大変なのである。稚魚が幼魚になる着底。これはある意味、魚にとって命がけの成人式ではないだろうか。

・着底成功！

広い砂地の上に着底できたマダラエソの稚魚。とりあえずは着底成功！

着底場所を見つけたサザナミウシノシタの稚魚。もうヒラムシのような泳ぎもしないで良さそうだ

ガラスの時間

大人になると色鮮やかな魚たちも、
稚魚の時はひたすら透明。
ただひたすらに目立たぬように、
捕食されぬように。

ツノダシ
Zanclus cornutus

ツノダシ
Zanclus cornutus

温帯域から熱帯域まで幅広く分布するツノダシの稚魚。前半身が銀色、後半身が透明であるが、形態が成魚に似ているので一発で本種と識別できる。しかし、よく観察すると稚魚期から幼魚期の特徴である短い吻部と、背ビレが非常に伸長しているのがわかる。どちらかというと表層付近に出現するので、観察したい場合は水面近くを注視する必要がある。本種は恒常的には観察できないが、あるタイミングで大量に出現することがある。日中でも時折、着底直後のやや透明感を携えた幼魚を観察できる。成魚はよく知られているだけに、観察できた時は嬉しい稚魚である。

ハタ亜科の一種
Epinephelinae sp.

ヤジロベエのような稚魚が漂っていたら、たいていはハタの稚魚であろう。稚魚期は背ビレと腹ビレの棘条が極端に伸長していて、成長と共に徐々に短くなっていき、着底する頃にはほとんど目立たなくなる。種によっては先端が旗のようになっているものもいる。フエダイ科の一部でも同様に棘が伸長する種がいるが、ここまでは伸びないので判別は容易。この状態で漂っていたかと思うと、突然激しくクルクルと体を回転させ、ぶつかるプランクトンを食べまくる大食漢。この棘が防御の役を果たしているのか不明ではあるが、堂々としている。着底して幼魚期を迎えるとほとんど見かけなくなる。成魚になってしまえばリーフ上では無敵のハタも、幼魚期はこそこそ岩陰で生活しているようだ。

ホシダルマガレイ属の一種

Bothus sp.

コンタクトレンズのような透明な円盤が水中を漂っていたら本種の可能性が高い。この写真はわかりやすいように工夫して写しているが、見る角度が変わったり、水底に着底されたりしたら、まず二度と見つけられないだろう。それくらい透明な体を持っているのだ。辛うじて見ることができるのは、唯一透明ではない眼。この眼を頼りに探すしかない。しかし砂底では……。

本種を含めた異体類（いたいるい）（カレイやヒラメの仲間の総称）は成長と共に、両側にある眼が片側へと移動していく。日によっては眼が片側に移行している途中の稚魚を見かけることもある。こんな透明な体であるが、適した着底場所を見つけた個体は一夜でまだら模様の色彩を発現させる。写真の個体は間もなく着底を控えたモンダルマガレイの稚魚と思われる。

マダラタルミ
Macolor niger

いわゆる魚らしいフォルムで、フエダイ科のマダラタルミの稚魚である。成長と共に体色が変化する魚で、稚魚期は透明、幼魚期は黒と白に色分けされ、成魚は全身が黒灰色となる。写真の個体はうっすらと幼魚期のマダラタルミの特徴的な模様を呈し始めているが、肉眼では確認しづらい。この段階より前だとマダラタルミと判断するのは難しいだろう。幼魚期独特の体をクネクネさせる泳ぎはこの段階では行なわず、着底と同時に開始するようである。本種の着底先は岩やサンゴの隙間のみならずウミシダを利用するところも興味深い。どのタイミングでスイッチが入るのか、独特のクネクネ泳ぎを開始するシーンを観察してみたいものである。

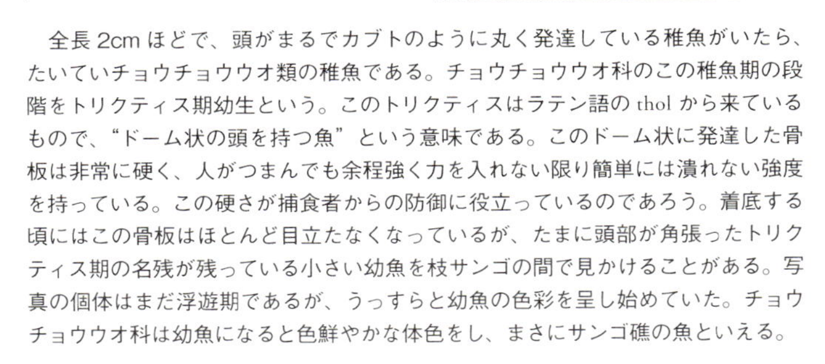

トゲチョウチョウウオ
Chaetodon auriga

全長2cmほどで、頭がまるでカブトのように丸く発達している稚魚がいたら、たいていチョウチョウウオ類の稚魚である。チョウチョウウオ科のこの稚魚期の段階をトリクティス期幼生という。このトリクティスはラテン語のthol から来ているもので、“ドーム状の頭を持つ魚”という意味である。このドーム状に発達した骨板は非常に硬く、人がつまんでも余程強く力を入れない限り簡単には潰れない強度を持っている。この硬さが捕食者からの防御に役立っているのであろう。着底する頃にはこの骨板はほとんど目立たなくなっているが、たまに頭部が角張ったトリクティス期の名残が残っている小さい幼魚を枝サンゴの間で見かけることがある。写真の個体はまだ浮遊期であるが、うっすらと幼魚の色彩を呈し始めていた。チョウチョウウオ科は幼魚になると色鮮やかな体色をし、まさにサンゴ礁の魚といえる。

ソメワケヤッコ
Centropyge bicolor

本種を含むキンチャクダイ科の稚魚たちは、ほとんど幼魚と変わらない形態をしている。このグループは成魚においても色彩以外に種ごとの大きな差があまりなく、稚魚においてはさらに識別が困難となる。写真の個体は撮影後に採集・飼育し、徐々にその色彩を呈しソメワケヤッコであることが判明した。実は稚魚期でも種によって微妙な色彩の違いがあるにはあるが、ハッキリした根拠を現時点では明確に説明できないので、いずれまた別の機会に報告したい。見た目では一瞬スズメダイの仲間にも見えるが、鰓蓋の下に立派な棘を備えているのでキンチャクダイ科だとわかる。

Column 2

正の走光性と負の走光性

生物には「走性（taxis）」という、外的刺激に対して方向性のある動きを行なう性質を持つ者がいる。つまり、外部刺激に対してその生物が向ったり逃げたりする行動のことである。走性には電場、化学物質、温度などに対しての方向性を持つ者もいるが、タイトルの走光性は光に対する走性、すなわち光に向かったり逃げたりする性質のことである。わかりやすく言うと、ナイター照明や街灯に群がる昆虫、漁り火に群がるイカなどの行動がそれである。

一般的に稚魚は正の走光性を示す者が多い。漁り火同様、ライトを水中や水面に仕掛けると、そこに稚魚たちが集まってくる。闇雲に暗い海中で稚魚を求めて探しまわるよりは、彼らの走光性という性質を利用した方が、はるかに効率よく稚魚を観察したり採集したりできるのだ。ライトの前で待っていれば次から次へと稚魚がやって来ることもある。設置するライトを「ライトトラップ」と呼ぶのもこれが所以だ。

ライトを設置するとまずはプランクトンやゴカイの仲間が集ってくる。これらは走光性が大変強く、条件が良いとライト光がほとんど見えなくなるくらい大量に集まる時もある。エビやカニなど甲殻類の幼生も頻繁に観察され、クラゲなどの仲間も多種やってくる。いろいろな海洋生物が集まってくる中で、眼が明瞭に確認でき、魚らしい泳ぎを行なっているものが稚魚である。

光に集ってくる稚魚は様々。しかし、しばらく観察していると本書で紹介しているような稚魚がすべて見られるわけではないことに気づく。実は走光性には「負の走光性」を持つグループもいるのだ。つまり、光から逃げる走光性を持っている連中である。

では、負の走光性の性質を持つ稚魚たちをどうやって観察するのか。これは、岩やサンゴなどの遮蔽物を利用して、ライト光の照射範囲に指向性を作ることで解決できる。つまり、水中空間に明暗の強い場所を作るのである。負の走光性の稚魚たちは暗闇の中から突然ライト光の直射されるような場所までやって来ると踵を返して逃げるので、そういった連中を観察するのだ。こういった連中は強い光に弱く、ライトを直接当てると動けなくなってしまうものもいる。アジ科魚類はその典型で、あれだけ素早く泳ぎ回るのに直接のライト照射には非常に弱い。

月夜の日はさぞかし正の走光性の強い稚魚が多いのだろうと考えてしまうかもしれない。しかし、月の光は想像以上に明るく、稚魚たちを夜行性のハンターたちに認識させやすくしてしまう。そのため、月のない闇夜や新月周りの日こそが稚魚たちが最も出現しやすい空間なのである。

・正の走光性

稚魚に限らず、多くの生物は光に集まる性質を持つ

・負の走光性

一部の稚魚は光を嫌う性質があり、光を感じると光源から逃げるように遠ざかってしまう

シコクスズメダイ
Chromis margaritifer

パラオの外洋に面したリーフでは一番数多く生息しているスズメダイといっても過言ではない種。やはり稚魚の出現率も高くよく観察されるが、成魚に比べるとその数は圧倒的に少ない。透明な時期でも形態からスズメダイ科であることは一目瞭然。しかし、種の判別は飼育するまでわからないグループでもある。

大量の成魚がいるわけだから大量の子供が産まれているのは間違いないのであるが、その親と子の確認できる率を考えると、仔稚魚期の初期減耗（しょきげんもう）（食べられてしまう）がいかに多いかを認識させられる種である。

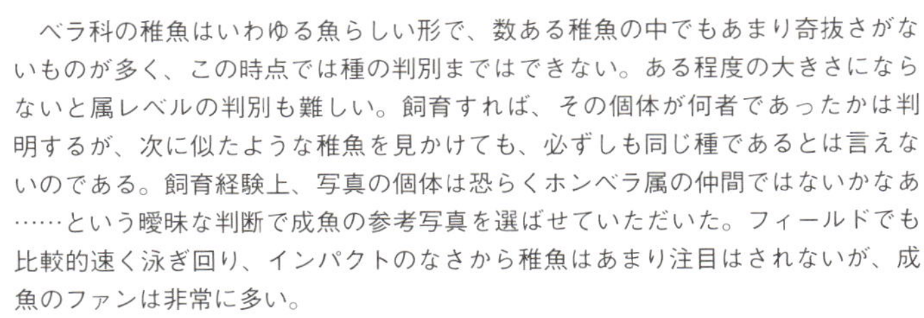

ベラ科の一種
Labridae sp.

ベラ科の稚魚はいわゆる魚らしい形で、数ある稚魚の中でもあまり奇抜さがないものが多く、この時点では種の判別まではできない。ある程度の大きさにならないと属レベルの判別も難しい。飼育すれば、その個体が何者であったかは判明するが、次に似たような稚魚を見かけても、必ずしも同じ種であるとは言えないのである。飼育経験上、写真の個体は恐らくホンベラ属の仲間ではないかなあ……という曖昧な判断で成魚の参考写真を選ばせていただいた。フィールドでも比較的速く泳ぎ回り、インパクトのなさから稚魚はあまり注目はされないが、成魚のファンは非常に多い。

日中の海でヒラヒラと泳ぐ着底後のベラ科の幼魚は頻繁に見かけるが、あのヒラヒラとした動きはこの稚魚期ではまったく見られない。

ニシキフウライウオ

Solenostomus paradoxus

闇夜を漂う透明な小枝が、時折花火のようにヒレを拡げていたら本種の可能性が高い。出現率は低いが、1年を通して観察できる稚魚である。しかし、パラオにおいて成魚はそれ以上に出現率が低い。成魚になると多数の皮弁を持ち、海藻やサンゴの枝間を擬態するように漂う。

背ビレと尾ビレの先端が線香花火のようになるのが本種の稚魚の特徴である。着底すると成魚と同様の色彩を呈し始めるが、この伸長したヒレは徐々に短くなっていく。着底して成魚に近い色彩を呈している個体を見かけた時に、この線香花火の特徴が明確に見られれば着底間もない個体と判断できる。一見貧弱な感じに見受けられるが、ヒレを拡げた姿は非常に美しく、ぜひ観察してほしいワンシーンである。

ササウシノシタ科の一種

Soleidae sp.

サイズは1cmにも満たず、さらに透明な感じが手伝い、フィールドではゴミと認識されがちなササウシノシタ科の稚魚。幼魚になるとヒラメやカレイと同じく底生生活をする。

写真はまだ眼が体の左右両側にある時期のトビササウシノシタ属の稚魚と思われる。この後、両眼が体の右側に揃うのであるが、どのように移動するのだろうと常日頃思っていた。ヒラメの場合は眼が徐々に頭部を移動していくという解説が昔から図鑑でなされているが、本種においてはどう考えても頭の前部におよぶ背ビレが邪魔である。しかし、フィールドで本種を観察していて、左眼がぐるりんと右側体側に回転し、反対側の皮が開いて眼が開くということがわかった。焼けてきた「たこ焼き」をひっくり返すイメージを思い浮かべていただけるとわかりやすいだろうか。

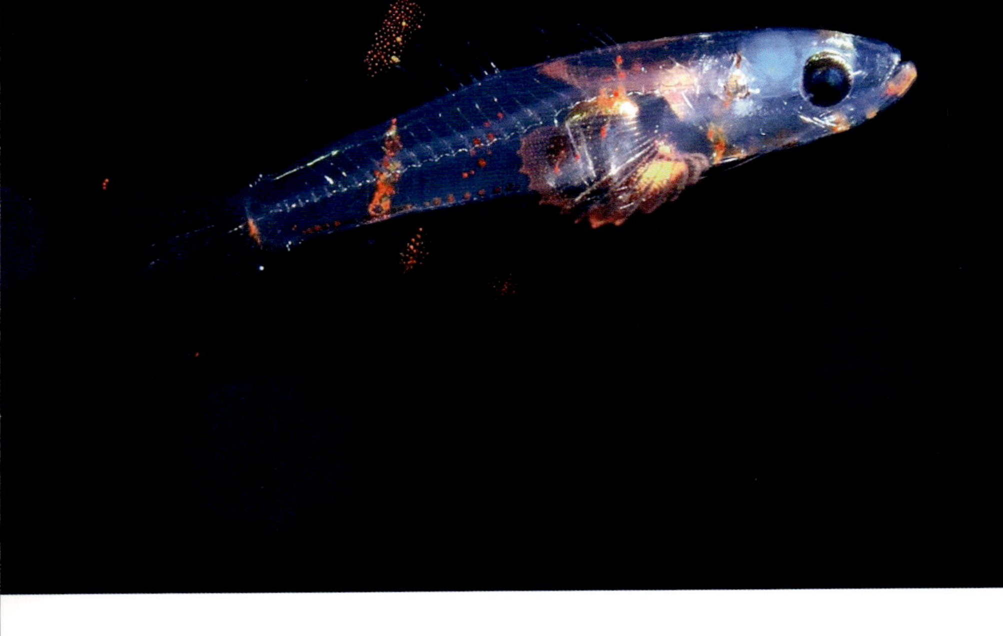

ハゼ科の一種
Gobiidae sp.

そのバリエーションや色彩からダイバーやアクアリストにも人気のある魚種ではあるが、一般的な成魚のサイズから考えてもその稚魚は非常に小さい。暗闇の中層ではけっこうな個体数が漂っており、そのためハゼ科魚類の稚魚はほとんど無視されがち。おまけに動きも意外と速く撮影しづらい。さらに種数が多く、種の判別は困難を極め、稚魚を写真で同定するなど到底不可能。そんなわけで、参考の成魚写真は「あくまでハゼ科魚類」であり、写真の稚魚が成長したものではない。ちなみに、パラオでも頻繁に見かけるハゼの仲間であるシラスウオは、幼形性熟なので、稚魚みたいな大きさと形態であるが、すでに成魚。

Column 3

稚魚にとっての環境

「海洋環境」と聞いて何が思い浮かぶだろうか。大型船が走る外洋環境だろうか。それとも白いビーチに水着のおねーさんがいる暖かい南国の砂浜環境だろうか。流氷に覆われた厳冬の海洋環境にマングローブ環境など、水域環境を細分化して挙げたらそれこそ切りがないくらい様々な海洋環境がある。そして、魚や海洋生物たちもそういった様々な環境で生活をしている。マグロを代表としたサバ科魚類などは陸から遠い外洋環境で。コチやカレイの仲間などはビーチなどの砂浜環境で。カジカの仲間などは流氷をものともせずに冷たい岩礁域で生活している。このように、様々な環境にはその環境に形態的にも生理的にも適応した、その環境でしか見られない魚類が生活しているのだ。

Column 1 でも述べているが、そういった成魚になるための生活場所を獲得するために、稚魚たちは大変な努力を払っている。しかしながら、多くの稚魚はプランクトン的に漂っており、本来目指すはずの環境とは異なった、間違った環境に辿り着いてしまう稚魚も少なくない。出現する種数が多いという理由から通常のミッドナイトダイビングでは外洋を選んで潜ることが多いが、個人的な調査で内湾域を潜ってみると、本来そこにはいないような稚魚が意外と多い。外洋域を主生活域とする種から、完全な内湾や汽水域を生活の場とするような種、こんな水深には絶対にいないであろう深海魚など、色々な環境で生活する種の稚魚が観察できる。これはつまり、多くの稚魚はあくまで海を彷徨っているだけで、稚魚自身が環境を選んでいるわけではない、ことの表れではないだろうか。もちろん、稚魚の中には選択的に着底場所を選んでいる個体や、着底後に能動的に自分にとって適合した生息環境に移動している種も多くいるとは思われる。陸水域の塩分濃度を感知して河口域を目指す稚魚や、海岸で奏でられる波の音を目標に稚魚が移動しているという研究データもある。しかし、たまたま着底した環境が自分にとって良い場所であっただけではないか、ということも、このダイビングスタイルを通じて個人的に感じたことである。

人間の社会活動により、開発のしやすい砂浜や浅海域、マングローブ域などが減り続けている。そこは稚魚にとって重要な着底場所、そして成育場所となる環境だ。まあ、開発による新たな“空きニッチ”を生物は利用するので意外としぶとい面もあるにはあるのだが、こういった着底できる環境が減ることにより、徐々に稚魚が減り、幼魚が減り、ひいては成魚がいなくなってしまう可能性も高い。パラオのような環境が多様な水域ではなかなかそのダメージは感じにくいが、多様な稚魚が出現するということは、環境の健全性を示す重要な指標とも考えられる。

稚魚の着底場所となる環境は、年々減りつつある

海底を夢見て

大人になると深い海底に棲まう魚たちも、

稚魚の時は真夜中の浅い海を漂う。

サザナミウシノシタ
Soleichthys heterorhinos

サザナミウシノシタ
Soleichthys heterorhinos

あれ？　このヒラムシ、よく見たら眼があるぞ？　と思ったらほぼ本種に間違いない。成魚はヒラメのように底生生活を営むが、稚魚期はまさにヒラムシのようにクネクネとした動きを行ないながら中層を漂っている。非常に目立つ色彩と動きであるが、擬態効果が高いのか捕食されているのを観察したことはない。強制的に普通の魚のように泳がせたら捕食されてしまうのか実験してみたいところだが、どうやっても普通には泳いでくれない。おそらく、色が出始める頃にはこのような動きを開始するのであろう。写真の個体は着底と浮遊を繰り返しているようで、着底に適した砂地があると成魚同様に砂中に潜るが、気に入らないとまた即座に浮遊を開始する。その判断基準は未だ不明である。

セミホウボウ

Dactyloptena orientalis

角張った頭部と尖った棘、そして独特の胸ビレから本種とすぐにわかる。パラオでは成魚をほとんど見かけないのだが、稚魚は比較的良く見かけるという不思議な魚。体に対し眼が占める割合が大きく、シルバーの色彩に２頭身ボディというネオテニー的な特徴からダイバーに人気の高い稚魚である。

小さいながらも立派な胸ビレを広げ、ヒラヒラと泳ぐ姿は非常に目立つ。格好の捕食対象になりそうではあるが、頭部がヘルメット状で非常に硬いこと、頭部や鰓蓋から伸びる棘が鋭いことが、捕食者からの回避に大きく役立っているようである。フエダイ科魚類からのアタックを受けたシーンを何回か目撃しているが、即座に吐き出されていた。また、捕食者が直前でUターンする姿も見かけている。

ゴンベ科の一種
Cirrhitidae sp.

ややオレンジがかった体を、頭と尾ビレをくっつけるようにCの字に曲げて漂うのはゴンベ科の稚魚。成魚は鮮やかな色彩を持つ底生魚である。

標本写真のように真っ直ぐな写真を撮りたく、刺激を与えて真っ直ぐにさせようとしたが、今度は反対側に曲がってしまった。危険を察知すると体は真っ直ぐになるのだが、今度はもの凄いスピードで視界から泳ぎ去ってしまうという捕捉の難しい種である。サンゴ上に着底した時はじっとしてくれるチャンスなのだが、先住者である別のゴンベ科がいると追い出されるのか即座にその場を離れ、また中層を漂っていく。

写真の稚魚は確かメガネゴンベだったと記憶しているのだが…。

アゴアマダイ科の一種
Opistognathidae sp.

いわゆるジョーフィッシュと呼ばれる仲間で、大きな口で卵をくわえ、孵化するまで口内で保持することでも有名で、砂礫底に穴を掘って暮らす。

稚魚期も頭が大きく、成魚同様に頭を上にした姿勢で浮遊している。口も大きいが、この段階ではまだ顎がしっかりと完成しておらず、正面から見るとおちょぼ口に見える。頭を上にした姿勢で周囲をキョロキョロする仕草も成魚のそれと同じであるが、尻は隠れておらず頭も隠れていない。その様子から早く着底したい気持ちが伝わってくる。着底するとすぐに砂地に穴を掘り始めるようであるが、着底直後の幼魚は見つけにくい生態を持っているのか、見かけない。

写真の段階では種判別はほとんどできない。いわゆるアゴアマダイ科の稚魚のハッチ（孵化）の様子はよく知られた光景ではあるが、その後の旅路は不明で、稚魚が確認される頻度からも大人の階段を上るのは結構厳しいようだ。

イットウダイ科の一種
Holocentridae sp.

イットウダイ科の稚魚は吻端が尖り、鰓蓋の上下や頭部にも目立つ棘を備え、メタリックな光沢を放つ。この形態から本グループの稚魚は“鼻先が尖った魚”という意の「リンキクティス幼生 rhynchichthys」とも呼ばれる。この棘が防御の役目を果たしていると思われるのだが、それに反して捕食されるシーンを結構見かける。成長と共にこの棘は短くなり、着底する頃には棘ではなく口先がやや尖るくらいになる。色彩もメタリックから成魚に近いものへと変わる。

本グループの成魚たちは夜行性で、日が落ちると洞窟などの暗がりから出て来て夜のリーフの優先種となる。そして、着底を試みる様々な稚魚たちを片っ端から捕食していく。共食いが多いのも本グループの特徴である。

Column 4

稚魚の戦略

稚魚が大変な障壁を経て着底し、幼魚、そして成魚に成長しているのかは「Column 1 命がけの成人式」を読んでいただければわかるかと思う。しかし、稚魚たちもやられっぱなしではない。成魚になるために色々な方法を使って着底を試みているのである。ミッドナイトダイビングで見られる稚魚や海洋生物の幼生たちによる、生き残るための戦略を紹介しよう。

① 擬態戦略

他の生物、もしくは非生物になりすまして、捕食者の目をかわす方法である。例えばP.22で紹介したボウズギス科の稚魚のヒレは、ミノカサゴなど毒の棘を持つカサゴ科への擬態かもしれない。また、動画でお見せできないのが残念だが、P.54のサザナミウシノシタの動きは、まさにヒラムシの擬態と思われる。その他にも、枯葉や小枝もしくは海藻片などの、いわゆる生物ではないものに擬態する連中もいる。毒のある生物に擬態する種も多く、深海魚系の稚魚などに発達する外腸はクラゲの触手に似ている。カクレウオ類（P.18）の軍旗も、まさに触手のようである。また、レプトセファルス自体はオビクラゲ類に似ており、丸まった状態はサルパにも似ている。稚魚ではないがタコの仲間（P.76）もクラゲに擬態し、その様はまさに秀逸である。

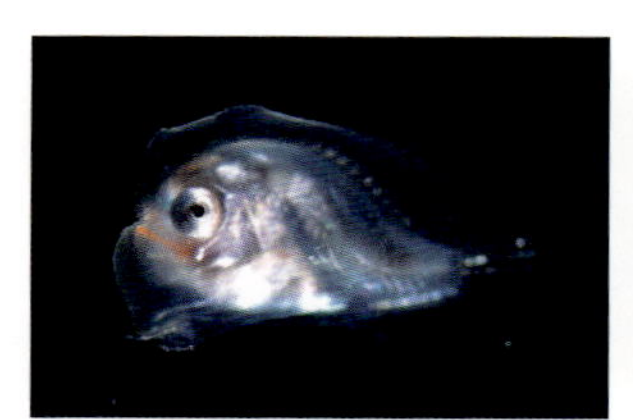

カエルアンコウ属の一種はゼリーのような透明な皮膜で包まれているが、こうした形態もクラゲへの擬態かもしれない

クラゲに擬態するタコ。触手を用いた手の込んだ擬態は眼が確認できなければ完全にクラゲと間違えてしまう

上の写真がヒラムシ、下の写真がそれに擬態するササウシノシタ科の稚魚。体の縁辺をヒラヒラとさせる動きが非常によく似ている

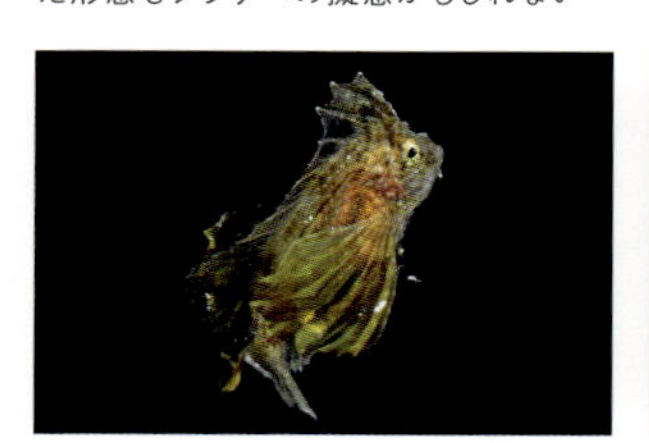

イボオコゼ科の一種と思われる稚魚は、泳がずに漂っているだけだと海藻の切れ端か葉片にしか見えない。色彩もそれらに非常に近い

ヨウジウオ科の稚魚はほぼ成魚と同様の形態で浮遊しているが、写真のオビイシヨウジと思われる種は、体を微妙な態勢に曲げながら漂っており、これは枝や海藻の切れ端の擬態かもしれない

② 隠遁戦略

他のモノを利用して捕食者の目をくらませようという方法。本編の中ではそういった戦法を用いている種を紹介していないが、例えばテンジクダイの仲間などは捕食者でもあるイカの墨を利用したり、ニジギンポの仲間などは海藻片に隠れたりすることが多い。ホシダルマガレイ類（P.38）の稚魚は、体を限りなく透明にして捕食者の目から逃れている。また、何かに擬態したり隠れたりしているわけではないが、水面直下を隠れ場所として利用する種も多い。

テンジクダイ科の稚魚でヒレをあまり発達させない種は、葉片やゴミを隠れ場所として利用しているのが散見される。イカが墨を吐いた直後、即座に隠れ場所として利用していた

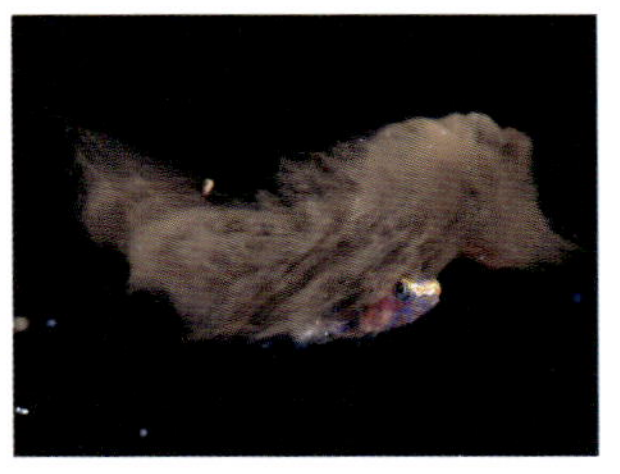

P.38と同種のモンダルマガレイと思われる稚魚だが、体を透明にすることで生存率を上げている。あまりにも透明でわかりづらいので、点線で輪郭を示してみた

③ 自己防衛戦略

これは自分自身に武器や毒を備えたり、食べられにくいような体を持つ方法である。トゲチョウチョウウオ（P.41）などのトリクティス幼生は、頭部を甲殻のように硬く強くすることで捕食を回避したり、ケショウフグ（P.68）などは体を膨張させて捕食されにくくする戦法を用いている。また、毒を持つクラゲ自体を防御の盾として利用するアジ科魚類（P.78、P.80）などもいる。甲殻類においては、攻撃は最大の防御と言わんばかりの戦法を持つものもいる。

モヨウフグの稚魚が、やや膨らみ威嚇し始めているところ。フグ科魚類のほとんどが体を膨張させて捕食者を威嚇するようだ

この堂々たる姿勢で中層を漂っていたエビの幼生。次々と捕食者たちがアタックをかけるのだが、食べられそうで食べられない。注意深く観察していたら、捕食の瞬間にこのハサミでパチン！とやることにより捕食を回避していた。攻撃は最大の防御なり戦法の使い手。後で本種がサザナミショウグンエビであることが判明したのだが、まさに名の通りの強さであった

それは惑星のように

体をくるりと丸めて
真夜中の海を漂う稚魚たちは、
夜空に浮かぶ星のよう。

ミナミギンポ
Plagiotremus rhinorhynchos

ミナミギンポ

Plagiotremus rhinorhynchos

すでに成魚と同じ色彩と形態になっており、稚魚というよりは幼魚といっても差し支えのない外見ではあるが、まだ着底先を求めて彷徨っている段階なので稚魚としてここに含めた。中層を泳ぎもせずにトグロを巻いて漂っている。良さそうな場所を見つけるとトグロを解いて着底しようとするが、何が気に入らないのかすぐに飛び立つ。先住者に追い出されているようには見えないのだが、彼等なりの着底の基準があるのだろう。それがどんなものであるのか興味はつきない。

この成長段階に達していない透明なミナミギンポの稚魚も観察しているとは思うのだが、透明なギンポ類の稚魚が写真のようなトグロを巻いているのを見たことがないし、目視ではまず他種との区別がつかない。

ミナミハコフグ

Ostracion cubicus

ご存知ミナミハコフグの稚魚。出現サイズは 1cm ちょっと。黒いスポットの色もまだ薄く、体色も黄色くはないが、形態と色彩パターンから本種と容易に判断できる。

一般的に見かける幼魚は岩穴のような場所で隠れているが、そういった場所に行き着く前は写真のように暗闇の中を浮遊している。これより前のステージの稚魚はまったく見かけることがなく、着底前になるとリーフ縁辺で頻繁に見かけるようになる。本種に限った話ではないが、稚魚は一体どこにいるのか、非常に不思議である。我々自身がもう少し外洋の中層に出向く必要がありそうだ。学名の cubicus（立方体）はまさにこの時期を指しているのだろう。

ケショウフグ

Arothron mappa

これ魚？　宇宙空間に浮かぶゼブラ模様の惑星か何かにしか見えないこの球体。実はケショウフグの稚魚である。良く見ると閉じられた眼、鼻孔、口、そして鰓と胸ビレが認識できると思う。驚いた時や捕食者に襲われそうになると、成魚同様、水を吸い込んで写真のように体をパンパンに膨らませる。であるから、常にこの状態で中層を漂っているわけではない。捕食者がこのサイズのフグ稚魚に対して“毒を持つ魚”と認識しているのか不明ではあるが、やはり捕食されている状況を観察したことはない。だからといって出現個体数が多いというわけでもない。他にもコクテンフグやモヨウフグの稚魚を見かけるが、写真とまったく同様の状態になるのが面白い。

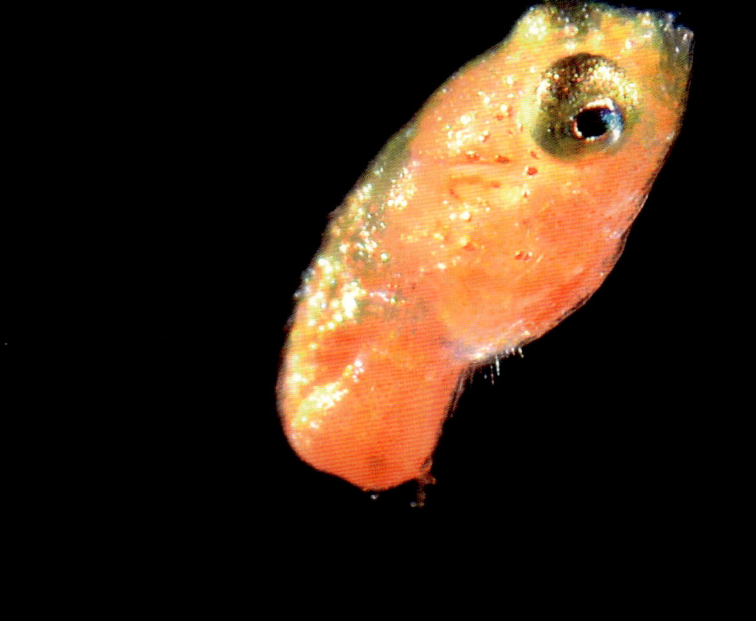

ネズッポ科の一種
Callionymidae sp.

写真の状態で5mmにも満たない。丸まって浮遊している状態はほとんどゴミ。眼は何となく認識できるが、写真を撮るまでは何だかまったくわからなかった。美しいメタリックオレンジの色彩も、フィールドでは完全に隠蔽色である。着底後は底生生活をする。

形態観察からミヤケテグリなどのコウワンテグリ属の仲間ではないかと睨んでいる。現時点ではまったく種の判別がつかないが、本グループは数種類において産卵行動が確認されているので、発生過程を追いたいと密かに狙っている。肉眼で認識できる頃には着底を終えているため、そのサイズから稚魚期はほとんど見逃されている存在だと思われる。観察および撮影時は２人１組で行なわないと、たいていロストする。

コチ科の一種
Platycephalidae sp.

稚魚期からすでに本科独特の魚ハンターの風貌を備えてはいるが、成魚の威厳は微塵も感じられない。捕食されやすいかどうかは別として、色彩的には確認しやすく、浮遊中の動作も緩慢なので写真を撮りやすいグループである。写真の個体は3cm弱。着底すると一気に黒みがかった色彩を呈する。あまり頻繁に見かける種ではないが、着底後の成長段階を追ったところ、おそらくエンマゴチの稚魚ではないかと思われる。

コチ科の稚魚は胸ビレが発達して翼のように見えるものが比較的多いが、本種は逆にそれが目立たないのも特徴である。着底してしまうとほとんど動かず、木片か葉片にしか見えないので、非常に認識しにくい。

Column 5

深海魚とのコンタクト？

深海魚とは一般に「水深200mより深い水深に生息する魚類」を指す。このような太陽の光がほとんど届かない大深度に生息する魚たちの“生きて泳いでいる姿”は、潜水艇にでも乗らない限り通常は見ることができない。一般的に我々には縁遠い魚類である。しかし、海洋条件の整った場所であれば、種は限定されるが、実は稚魚たちと一緒に簡単に見ることができるのである。

では、どういった場所なら深海魚が見られるのだろうか。それは、遠い昔にサンゴ礁が発達した経緯のある海洋島の周辺である。一般的に海洋島のサンゴ礁外縁は急峻な崖のような地形（ドロップオフと呼ばれる）をしており、水深100mや200m、ちょっと沖に出れば数千mもの大深度になっている。つまり、水深数mのサンゴ礁のすぐそばに深海が広がっているのである。

深海に生息する魚たちの中には、ヒサハダカ（写真①）のように、鉛直移動をするものが知られている。鉛直移動とは「日中の明るい時間は水深300～500mの深い場所で過ごし、夜になると摂餌などのために海面近くまで上がってくる生態」のこと。つまり、彼らは昼夜によって生息水深を変えているのだ。そして、上述したドロップオフのような地形であれば、このような鉛直移動する魚たちは深海から浮上しやすくなる。海中の崖伝いに深海魚が上がってくる、と言えばわかりやすいだろうか。もちろんダイビングができることが前提ではあるが、それこそ水深数mのリーフエッジで待機しているだけで、向こうから勝手にやってくるのである。日本沿岸でも、岸から数km先の沖合へ出て夜中の海に飛び込めば、安全かどうかは別として、おそらく簡単に彼らを観察することができるだろう。特に、駿河湾や相模湾の急峻な地形の場所で深夜に潜れば、深海魚を観察できるチャンスは多いと思われる。

ヒサハダカのみならず、同じく鉛直移動するヤベウキエソ（写真②）など、発光器官を発達させたいかにも深海魚といった感じの魚も、こういった場所では頻繁に観察される。実は彼らの発光器は水中ライトの光によく反射するので、暗い水中でも大変目立ってしまうのだが、ライトを消した状態だと意外にも肉眼では確認することができない。闇夜の表層を泳ぐハダカイワシの発光器は、下から見上げるとまるで星空のようであり、ある種の星空擬態なのかもしれない……。

閑話休題。さて、鉛直移動を行なわない深海種については、通常は観察できるチャンスはない。しかし、成魚は鉛直移動を行なわなくとも、その稚魚であれば鉛直移動をするものもいるのだ。P.31で紹介したトカゲハダカや右写真のコンニャクイタチウオ属の一種などがそれだ。まさに深海からの使者である。通常のダイビングではまず見ることのできない深海魚（稚魚）。しかし、真夜中に潜るミッドナイトダイブであれば、彼ら貴重な魚たちが生きて泳いでいる姿を目にすることができるかもしれないのだ。

写真① ヒサハダカ

写真② ヤベウキエソ

コンニャクイタチウオ属の一種

Lamprogrammus sp.

皮弁に見えるのは外腸で、クラゲ類の触手にそっくり。本種もクラゲなどに擬態しているのかもしれない（写真③）

未知の世界

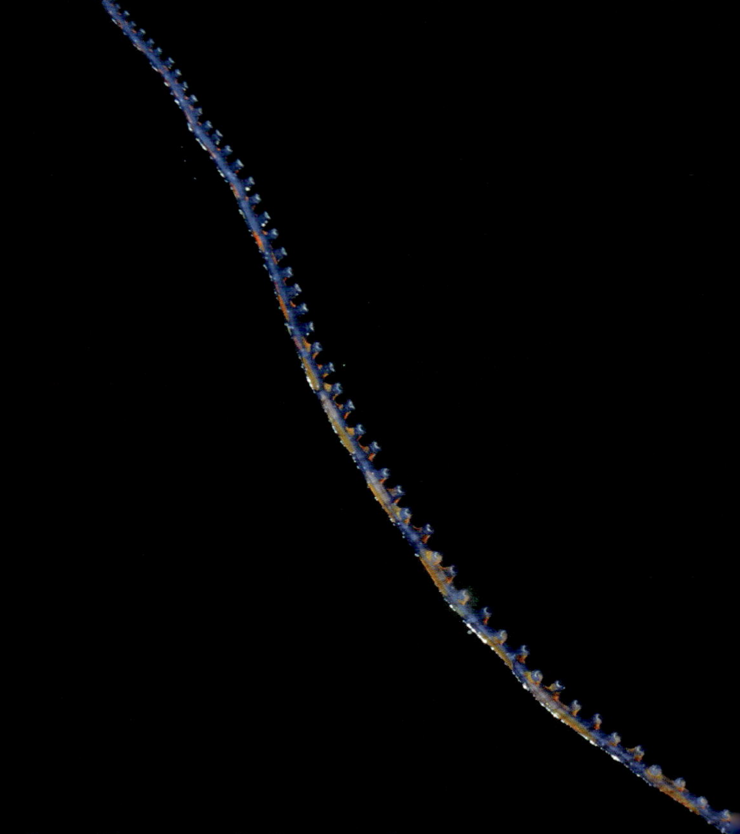

真夜中の海に漂うのは稚魚だけではない。
昼間は決して表舞台に出て来ない幼生たちが、
夜の帳が下りると共に世界の主役となる。

タコの一種
Octopus sp.

タコの一種
Octopus sp.

手足が長くタコであることは間違いないのだが、透明な腹部と触手が神秘的な種。おそらくテナガダコの仲間の幼生だと思われるが推測の域を出ない。もしかするとミミックオクトパスなどの仲間かも？　腹部から触手の先端までがだいたい8cmくらい。

発見される時はたいてい中層を漂っているが、ライト光は嫌いなようで、追いかけるとサンゴの岩の隙間などに即座に隠れてしまう。しかし、ライトを消してしばらく観察していると、また出てきて浮遊を再開する。似たような種にさらに透明度の高いもの（小型の幼生の可能性もあるが）や、着底せず浮遊しっぱなしのクラゲのような種も出現する(P.62)。夜の海は不思議な空間だと強く感じさせる生物である。

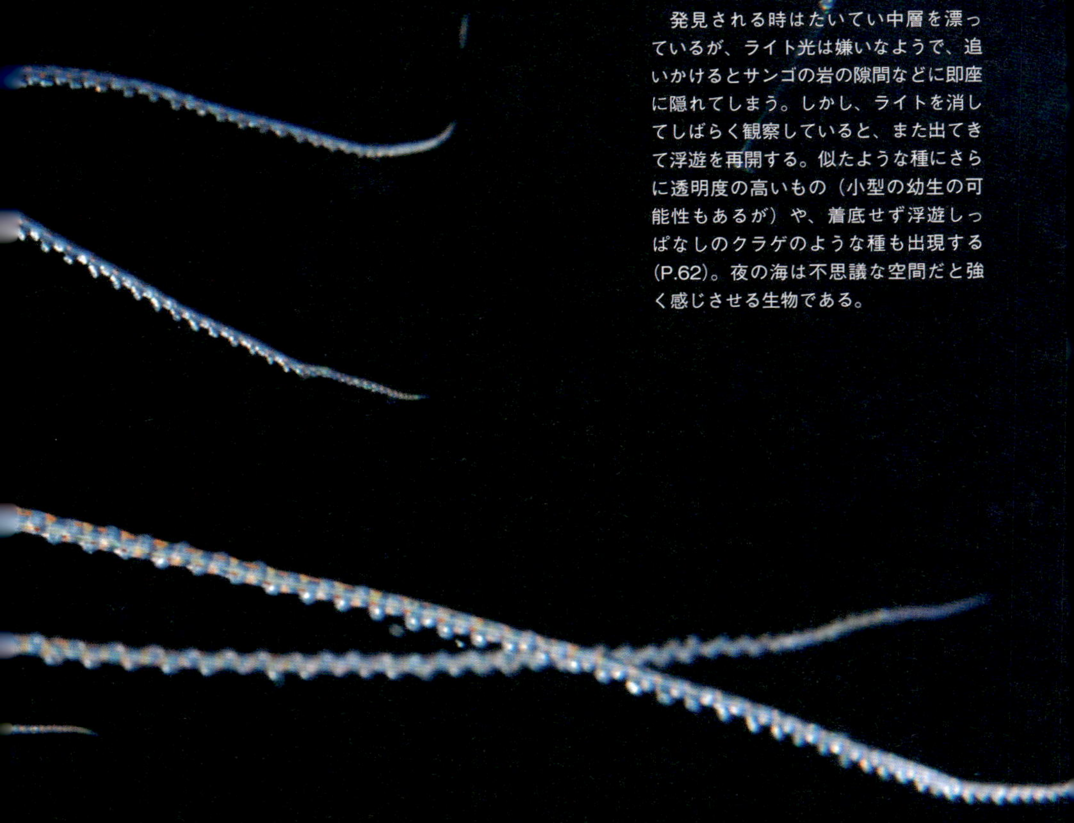

ムラサキクラゲの一種とロウニンアジ

Thysanostoma sp. & *Caranx ignobilis*

「治郎さあーん！　眼のあるクラゲがいる!!」と、水中なのに耳元で叫ばれ、仲間のダイバーに教えてもらい遭遇したワンシーン。いやいや、「クラゲの傘の中にアジの仲間が入っちゃってるんだよ！」と水中で解説した後、自分も夢中になって撮影してしまった片利共生生態？　傘の中に入っているアジの幼魚は、おそらくロウニンアジと思われるが、通常本種は何かには依存せずに単独で彷徨っている。アジ科の稚魚や幼魚がクラゲに依存している姿は良く見かけるが、このような組み合わせは初めてであった。遊泳速度は完全にクラゲのそれを超えているので、クラゲの泳ぎに任せて移動するというよりはロウニンアジの泳ぎたい方向に進んでいるとしか思えず、思わず水中で吹き出してしまった。

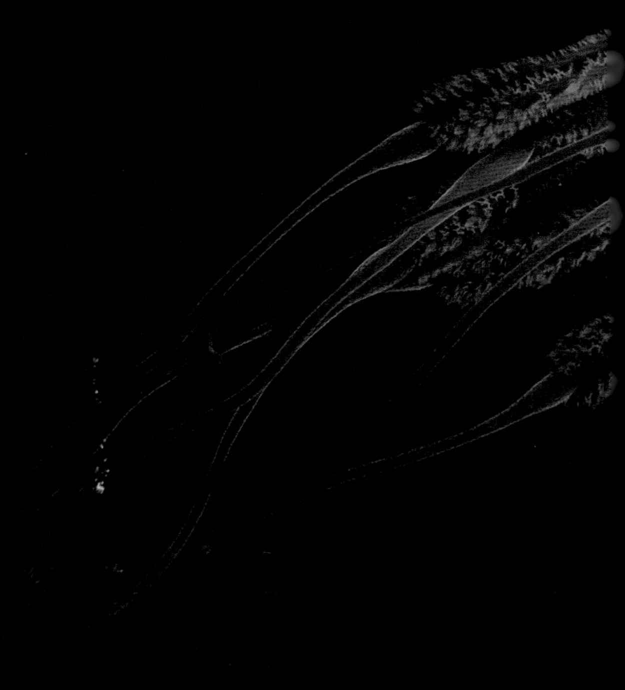

ミズクラゲと アジ科の一種

Aurelia aurita & Carangidae sp.

傘の上にアジ科魚類の稚魚がちょこんと乗っていた。クラゲの触手近くを遊泳することによって捕食者から身を守る姿は一般的であるが、写真のように完全に休んでいるようなシーンは珍しい。泳ぎ疲れたわけではないと思うが……。アジ科魚類はその俊敏に泳げる能力により、クラゲの触手に絡まることなく外敵から身を守ることができるという研究報告がなされているが、稚魚レベルの遊泳力だとそれも大変なのだろうか。写真中央にはイワシかサイウオらしき稚魚（アジ科魚類右下にある白く細長いもの）がこのクラゲに捕らえられ、消化が始まっているのが確認できる。安全地帯とはいっても一歩（一泳？）間違えれば明日は我が身である。

ゾウクラゲ科の一種
Carinariidae sp.

宇宙空間を漂う人工衛星のような微小な生物がいたら、それはゾウクラゲ科の一種かもしれない。刺激を与えると面板と呼ばれるこの触手のようなものを引っ込めるが、そのまま浮遊を続ける。よく見ると触手や眼、そして立派な腹足を持った巻貝のようであり、専門書で調べるまでは浮遊性の巻貝の一種であるとずっと思っていた。ゾウクラゲの仲間は確かにパラオでも良く見かけるのだが、このような殻を持った種を見たことがなかったので、連想できなかった。この面板が左右対称に見えて実は数が違っているという、生物の原則であるシンメトリーでないのも大変興味深い。

ギボシムシの幼生
Enteropneusta

闇の中を漂うベルに似たクラゲのような生物がいたら本種である。全長は1cmくらい。櫛板が並び、一見ウリクラゲの仲間にも見えるが、実はギボシムシの幼生。親は海底の砂の中に生息するミミズのような生き物だが、写真の姿からは到底連想できない。毒などはなさそうであるが、魚や他の生物の餌にもなっていないようである。ミッドナイトダイブは稚魚のみならず、このような海洋生物の幼生にも出会えるチャンスである。

タルマワシ科の一種
Phronimidae sp.

透明な脱出ポッドのような筒に入ったエイリアン的な生物は甲殻類のタルマワシの仲間。オオタルマワシかアシナガタルマワシの仲間ではないかと思われる。本種は「サルパを襲って内臓などの中身を取り除き、その殻の中に棲んで卵を産み、稚タルマワシをその中で育てるというおそるべき生態の持ち主」と言われているが、サルパに取り付くシーンや今まさに襲われているシーンには一度も出会ったことがない。何度か人為的にサルパを襲わそうとトライしているのだが一度も成功せず、肝心のタルマワシはビビビビッと泳いで逃げてしまう。本当にこの殻はサルパなのか……と疑問に感じていたのだが、小型のタルマワシの仲間がハコクラゲに酷似した筒を利用していたのを発見してから、やはり諸説は本当なのだろうと思った。

ボウズニラ

Rhizophysa eysenhardti

目玉おやじのようなウキを携えた触手の長い生物が水中を漂っていたら要注意。人に対する致死力はないものの、この微細な触手に触れようものなら強烈な電気ショックが走る。捕らえられている魚はサイウオの仲間だと思われるが、稚魚や小魚などは触手に触れた瞬間に即死である。獲物を捕らえると一旦触手を絡めて短くなるが、獲物を胃で消化し始めると、次の獲物を狙いまた触手を伸ばし始める。獲物を捕らえていない飢えた個体は、目玉部分を上下に揺さぶりながら移動するので、触手が上下にたなびきさらに危険度が増す。ミッドナイトダイブ時の厄介な存在だ。ちなみに、この目玉に見える部分は一酸化炭素の気泡を浮力としているらしい。

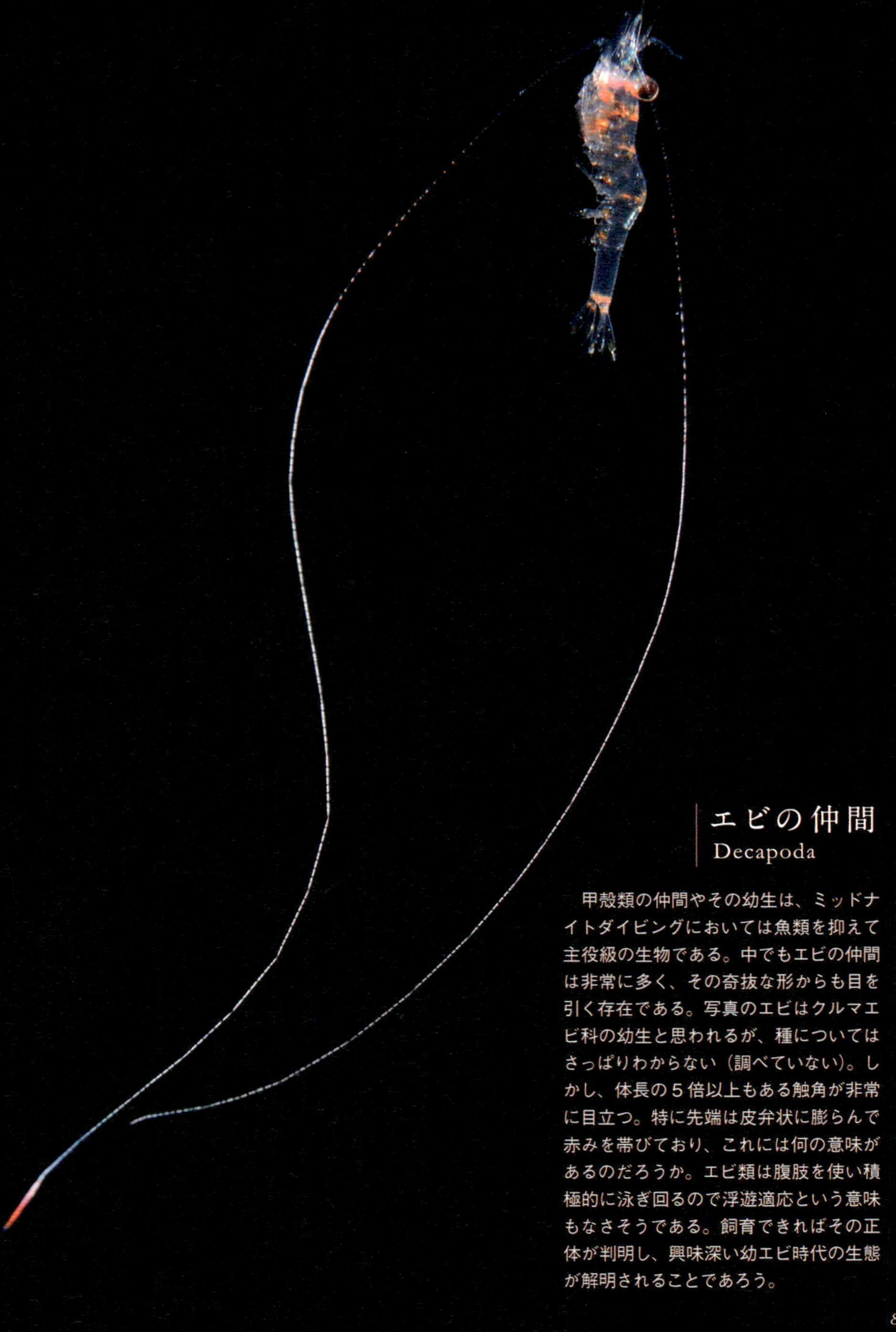

エビの仲間
Decapoda

甲殻類の仲間やその幼生は、ミッドナイトダイビングにおいては魚類を抑えて主役級の生物である。中でもエビの仲間は非常に多く、その奇抜な形からも目を引く存在である。写真のエビはクルマエビ科の幼生と思われるが、種についてはさっぱりわからない（調べていない）。しかし、体長の５倍以上もある触角が非常に目立つ。特に先端は皮弁状に膨らんで赤みを帯びており、これには何の意味があるのだろうか。エビ類は腹肢を使い積極的に泳ぎ回るので浮遊適応という意味もなさそうである。飼育できればその正体が判明し、興味深い幼エビ時代の生態が解明されることであろう。

Column 6

ミッドナイトダイブの学術的価値と研究のススメ

・ミッドナイトダイブの利点

ミッドナイトダイブというちょっと特殊なダイビング手法によって、今まで知られていなかった稚魚や海洋生物の生きた姿を、観察・撮影できるようになった。これは稚魚研究、さらには海洋生物研究でのイノベーションと言っても過言ではないだろう。稚魚研究へのアプローチとして、船を用いて外洋の表層から中深層までプランクトンネットを曳いて稚魚を採集するという手法もあるが、こういった手法は稚魚が死んでしまうだけではなく、柔らかく弱い体を持つ稚魚などは形態自体が崩れてしまい、本来の姿がわからなくなってしまう場合が多い。稚魚ではないが深海魚などは鱗が剥がれて、まさに“裸イワシ”になってしまう。例えば、デメニギス *Macropinna microstoma* という深海魚がいるが、この種は大深度に生息しているため、基本的に採集標本でしか知られていない魚だった。そのため、生きている時の正確な形態が誰にもわからなかったのである。モントレー水族館の研究チームが潜水艇を用いて生きている姿を初めて撮影したことで、標本からではわからなかった「眼球を覆う膜組織が生時には存在していたこと」、「その眼の部分がヘリコプターのコックピットのようになっていたこと」がわかったのである。本書でも紹介しているレプトセファルス（P.10）なども、標本スケッチと生時を比べると、透明感を筆頭にかなり違って見える。

プランクトンネットを曳いて採集すると体が崩れてしまうため、今度はライトトラップを岸壁や船上に設置して集まってきた稚魚を採集する手法を用いるようになった。いわゆる漁り火の原理である。しかし、泳いでいる稚魚を陸上から採集するのは容易ではなく、目の前に気になる魚が泳いでいるのに網が届かず採集できないということもある。これほど口惜しいことはない。そこで編み出されたのが「ミッドナイトダイブ」である。彼らの世界に我々が飛び込み、水中にライトトラップを設置し、採集を行なってしまおうというものだ。スタイル的にはむしろ古典的であり、そう新しいものではない。従来の手法に潜水器材という便利な道具を用いただけなのである。しかし、本手法は無作為に網を曳くのではなく、目の前を泳いでいる稚魚を狙って効率よく採集ができる。容器を使えば稚魚のヒレや表皮も傷めずにすむ。もちろん、ダイビングという手法上、水深をはじめ色々な制限はあるが、今までわからなかった生きている稚魚が、本手法によって何種も判明した。それこそミッドナイトダイビングを行なう度に新たに判明する種が増えていくのである。パラオのみならず日本近海など他地域でも、

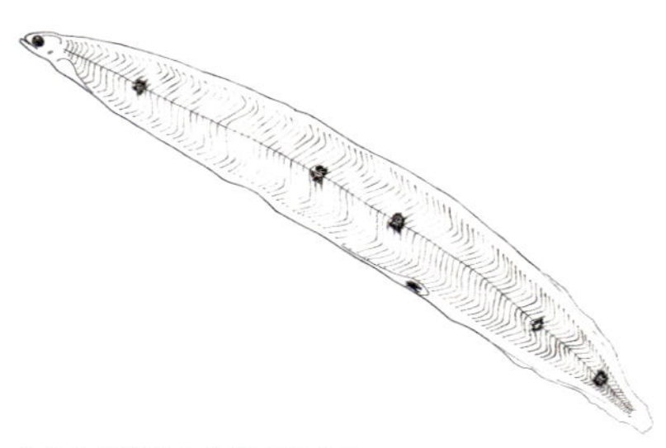

ウミヘビ科の一種の生態写真とスケッチ画。実物とスケッチでは、やはり視覚的な差異が生じる

今まで観察することができなかった魚類の稚魚が次から次へと出現するのだ。極端な言い方をすれば毎晩世界初記録ゲットである。

ミッドナイトダイブによる手法は“生きている、生の魚の生態”が見られるのが特徴でもある。まあ、分類学的な研究においては生きた稚魚や魚はそれほど重要ではなく、形態観察ができる程度なら魚体が痛んでいてもかまわないのだが……。しかし、目の前に標本やスケッチでしか知らなかった、生きて泳いでいる魚が存在するのだ。死んでいる標本からではわからない本来の生態が観察できてしまう。数年前の魚類に関する国際学会において、夜間に採集した稚魚を日中の海に放流し、それを9時間追いかけた研究の発表があった。努力量もさることながら今までわからなかった稚魚の生態を長時間に渡って解明した大変素晴らしい研究だと賞賛の拍手を受けていた。当時から本手法を用いていた自分は、あまりの人間主体な研究内容に絶句した。そう、こんな意味不明な生態観察ではなくミッドナイトダイブであれば、もっと魚本来の生態を観察できるのである。本手法は今のところ、稚魚や魚類生態の専門的な研究者の間ではまだまだ用いられていない手法である。つまり手付かずの宝の山なのだ。例えば先述した着底のシステムひとつとっても、現場における具体的な生態はわかっていないことが多い。着底後の色彩変異や形態変化など、魚の数だけ課題があるようなもの。冒頭に登場したウツボが丸まっている生態などは、海に潜らなければわからず、標本からはまったく知ることができないのだ。

・稚魚研究のススメ

稚魚の生態に興味のある方や学生にとってダイビング技術はおそらく必須であろう。魚類研究に限らず、甲殻類や頭足類そして最近人気のクラゲなどの無脊椎動物を研究する場合においても同じだろう。しかし本手法を説明すると、「夜なんですよね……」という言葉をよく聞く。確かにミッドナイトダイブを行なう時間帯は、ご飯を食べたりお酒を飲んだり求愛行動したり人間の生活で最も重要な睡眠を取ったりする時間である。夜間の海に潜ろうという意欲を欠く要因がとても多いのだろう。しかし、こういった要因を吹き飛ばすほどの楽しさや発見がそこにはあるのだ。そもそも相手（稚魚）の活動時間に合わせなければ本当の研究成果は得られない。先の学会の話になるが、研究対象が本来夜行性の魚類であるのに日中のみバッチリ調査した、というのも如何なものか。我々が一般的に潜る時間は、朝の7時から17時くらいまでと考えても、たかだか10時間。そう、1日の半分以上は海の中を見ていないことになるのだ。あまり観察されたことがない時間帯を観察するという意味でも研究の対象は広がるのではないだろうか。

また、「夜の海は暗くて怖い……」というコメントも良く聞く。確かに夜間のダイビングは暗く、手元しか見えない。暗いのが怖いというのも良くわかる。しかし、近年のLED技術の革新により、今まで漆黒であった夜間の水中をLED水中ライトたちが大変明るくしてくれたのである。今では水中は暗闇というよりは、青く輝くコンサート会場のようである。撮影時にふと生物から目をそらし、この不思議な青い空間を眺めた時の雰囲気は、まさに筆舌に尽くしがたい美しさである。こればかりは自分の目で見てみないと伝わらないだろう。まあ、あくまで人為的に作られた環境ではあるが、とても美しいのは間違いない。実は稚魚に限った話ではないが、“光”を嫌う種も存在する。そのような種を撮影する時は、この強烈な明るさが逆に必要となることがあるのだが……コラムを良く読んだ人はすでにおわかりだろう。本書を読んで興味が湧いた人はぜひ現場で確認してほしい。

稚魚を観察・撮影してみよう

冒頭やコラム欄でも述べたが、本書に登場する稚魚はすべて、「ミッドナイトダイブ」という手法によって観察・撮影されたものである。通常のダイビングと異なるのは、潜るのが真夜中であることと、大量の水中ライトを設置することぐらい。決して深海などではない。しっかりとした準備さえすれば、誰にでも稚魚の世界に行くことができるのだ。

①ミッドナイトダイビングが可能な場所を探す

稚魚や海洋生物の幼生を観察・撮影する前に、ミッドナイトダイビングが可能なダイビングサービスを見つけなければならない。日本国内では漁業権などの規制から夜間に自由に潜れるポイントはかなり制限されてしまうが、最近は地元のダイビングサービスの方たちの努力で夜間も潜れるような場所が増えてきている。まずはこういった対応をしているサービスを探そう。このようなサービスのガイドたちであれば、どういう場所やタイミングで稚魚や幼生などが観察しやすいかデータをたくさん集めている。現地に赴く前に対象のサービスと「いつ頃が良いのか」を相談してから日程を決めたい。人間の都合ではなく魚の都合に合わせないと、見られる確率はぐっと下がってしまうのだ。

また、日本国内でもガイドなしに自由にナイトダイビングができる場所もあるが、そういった場所でミッドナイトダイブを行なう際は安全管理には十分に注意してほしい。稚魚は人間の遊泳力でも追いかけることができる程度に動きは遅いが、暗闇の中を縦横無尽に泳ぎ回る。稚魚を撮影することに夢中になっていると……場合によっては水面へ、場合によっては深い方へ、またダイブサイトからかなり離れた場所まで誘われてしまう場合もある。外洋に向けた流れが存在するような場所だと、非常に危険な場合も想定される。ガイドの管理下にないダイビングを行なう場合は、そういった点には十分に留意してほしい。また、時間やエリア制限など現地のルールもあるので、その点にも注意が必要。もちろん、ガイドがいるからといっても、ずっと見ていてもらえるわけではなく、特に複数のダイバーが潜る場合はセルフダイビング同様に自己管理は重要だ。

②ライトトラップを用意する

ミッドナイトダイブに必須のアイテムが集魚灯、いわゆるライトトラップである。コラムでも説明したが、稚魚や海洋生物は走光性が高いものが多い。ライトをフィールドに仕掛けるか仕掛けないかでは結果が大きく変わってくる。また、夜間における自分の活動エリアを水中で知る目安にもなるので、安全管理にもひと役買っている。上述したサービスなどはこういったライトをたくさん用意してくれるのでその点でもダイビングサービスを利用するのが楽。個人でライトを設置する場合は、撮影に夢中になっている間に電池が切れて何処に置いたかわからなくなってしまったり、他のダイバーに持って行かれたりすることもあるので、十分注意したい。

そして、意外と重要なのが稚魚を探すためのライト。筆者は照射角の狭いペン型のライトを使っているが、広い角度を照らすライトより対象の生物が認識しやすいように感じる。まあ、この辺は好みがあるとは思うが、ライトトラップのライトだけでは絶対に見つけにくいので自分用のライトを１本携帯することをおすすめする。ダイビングサービスを利用していれば、ガイドが「ここに稚魚がいるよ！」と認識しやすくライトで教えてくれるだろう。

③撮影にチャレンジ

せっかくのミッドナイトダイブなのだから、稚魚を撮影してみるのも良いだろう。被写体の大きさから基本的には一眼デジタルカメラが撮りやすいとは思うが、設定の仕方や外付けレンズの選択によっては機動性の高いコンデジ（コンパクトデジタルカメラ）でも良い写真が撮れる。ただ、確実なオートフォーカス機能を働かせるためには、被写体を照らすターゲットライトの選択も重要だ。一度設定が決まってしまえば、ファインダーやモニターを覗くことなく、カメラと被写体の両方を確認しながらバシバシ撮影できるので、被写体をロストしにくいのもコンデジの強みかもしれない。

筆者は一眼デジタルカメラを使用しているが基本装備はストロボ2灯、ターゲットライト2本、使用レンズは60mmマイクロレンズを用いている。被写体の大きさからいうと100mmや105mmのレンズが良さそうであるが、ファインダー内でロストする（見失う）可能性が大きいのでむしろ60mmくらいの方が使い勝手が良い。また、焦点距離の短いワイド系レンズを用いて被写体にぶつかるくらいの位置で撮影する方法は、ピントが合わせやすく撮影も楽ではあるが、被写体の写り方が小さくなる可能性が高い。解像度の高いカメラでないと後で写真が伸ばせない場合もある。なので、ワイド系で撮影を行ないたい人は、すでにそういったカメラやレンズを用いて撮影を行なっている人によく相談してほしい。

そして最後に、撮影は単独よりタッグ（２人１組）での撮影をおすすめする。ちょっとでも動きの速い被写体は、慣れていないとたいていはロストしてしまうことが予想される。それを防ぐためにも、撮影アシストがいた方が良い。現地サービスを使えば、このアシスト役をガイドが行なってくれる。基本はバディと２人１組でひとつの被写体を交代で撮影するのが良いだろう。これなら撮りやすいし、安全管理にもなるので一石二鳥である。

観察・撮影に関する細かいテクニックも色々書きたいところではあるが、稚魚の速度や色彩、またロケーションによっても変わってくるので、今回は割愛させていただく。近頃は様々なダイバーのブログなどでこういった稚魚や浮遊生物系の写真も多く見かけるので、自分の好きなタイプの写真を撮る人に撮影方法を聞くことが良い写真を撮るための一番のテクニックではないだろうか。

目移りしてしまうほど被写体が溢れる状況もあれば、暗闇の中を数時間彷徨っても被写体に巡り会えない時もある。稚魚に出会えるか否かは、蓄積されたデータと時の運。本書を読んだ方が素敵な稚魚の世界に行けることを祈って。

GOOD LUCK!!

INDEX

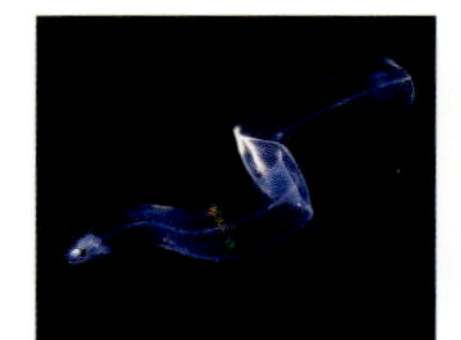

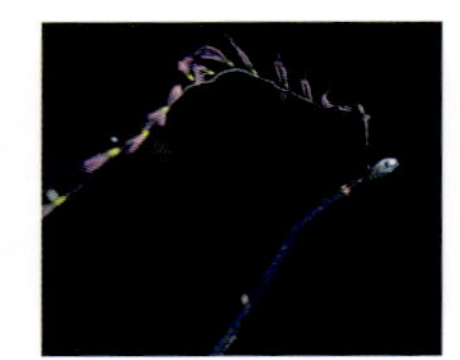

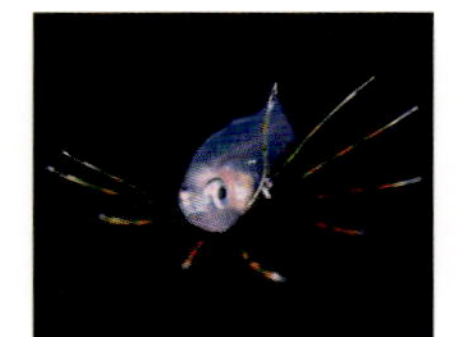

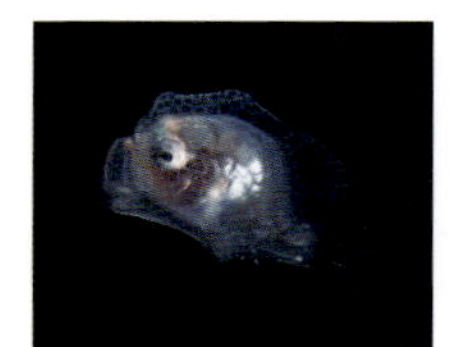

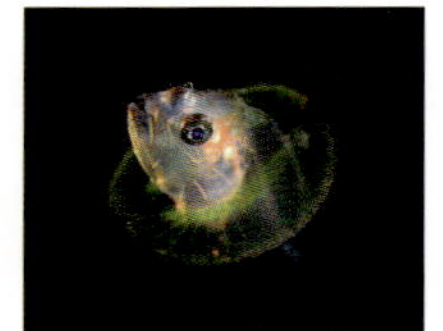

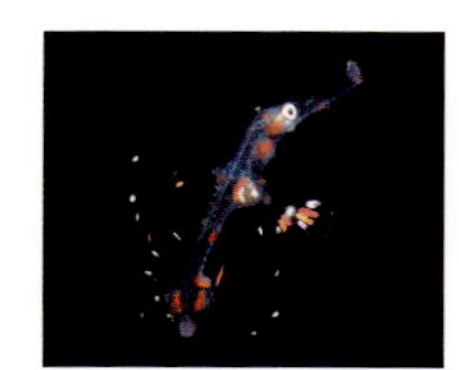

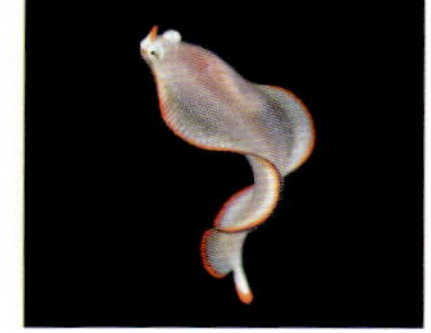

P.56
セミホウボウ
Dactyloptena orientalis
撮影実長／3.5cm

P.58
ゴンベ科の一種
Cirrhitidae sp.
撮影実長／2.5cm

P.59
アゴアマダイ科の一種
Opistognathidae sp.
撮影実長／1.5cm

P.60
イットウダイ科の一種
Holocentridae sp.
撮影実長／1.8cm

P.64
ミナミギンポ
Plagiotremus rhinorhynchos
撮影実長／3.5cm

P.67
ミナミハコフグ
Ostracion cubicus
撮影実長／1.5cm

P.68
ケショウフグ
Arothron mappa
撮影実長／1.3cm

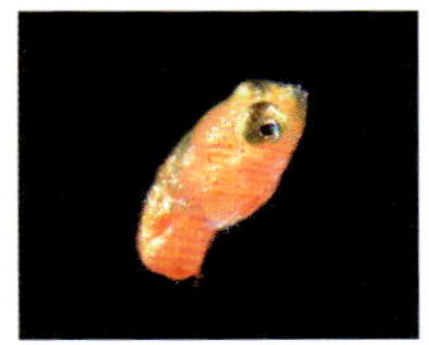

P.70
ネズッポ科の一種
Callionymidae sp.
撮影実長／0.7cm

P.71
コチ科の一種
Platycephalidae sp.
撮影実長／2.5cm

P.74
タコの一種
Octopus sp.
撮影実長／8cm

P.78
ムラサキクラゲの一種とロウニンアジ
Thysanostoma sp. & *Caranx ignobilis*
撮影実長／15cm

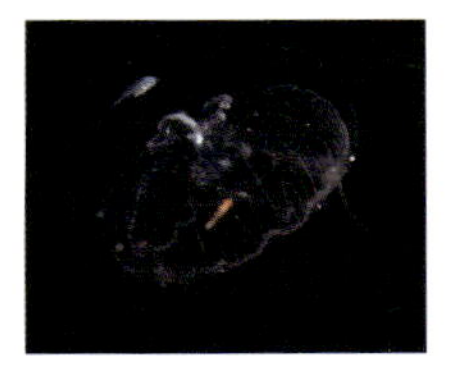

P.80
ミズクラゲとアジ科の一種
Aurelia aurita & Carangidae sp.
撮影実長／1.2cm

P.82
ゾウクラゲ科の一種（幼生）
Carinariidae sp.
撮影実長／2cm

P.83
ギボシムシの幼生
Enteropneusta
撮影実長／1cm

P.84
タルマワシ科の一種
Phronimidae sp.
撮影実長／2cm

P.86
ボウズニラ
Rhizophysa eysenhardti
撮影実長／30cm

P.87
エビの仲間
Decapoda
撮影実長／1cm

謝辞

稚魚の撮影や採集に関し多大なご協力を頂いたデイドリームパラオの秋野大氏、同デイドリームスタッフの皆様、並びに龍馬スタッフの皆様のご協力がなければ、この本の出版はなかったことでしょう。また、LED 水中ライトを提供してくださったエーアイオージャパンの久野義憲氏、スケッチ画を提供してくださったアクアマリンふくしまの森俊彰氏、貴重な標本写真を提供してくださった高知大学理学部理学科海洋生物学研究室の遠藤広光博士、帯の推薦文執筆を快諾してくださった荒俣宏氏、そして、ミッドナイトダイブを支援してくれた魚治ダイブの白根加奈子女史と、このような本を上梓できるまでに自分を育ててくださった北里大学名誉教授井田齋博士には感謝しても感謝しきれません。この場を借りてお礼を申し上げます。本書出版までご尽力頂いた江藤有摩氏ならびに MPJ 編集諸氏にも深謝申し上げます。

そして最後に。ミッドナイトダイビングを通じ、自分の我が侭や勝手な振る舞いにお付き合いくださったゲストの皆様のお陰で、今回の上梓に至ることができました。厚くお礼を申し上げると共に、これからのご協力もこの場を借りましてお願いする次第でございます。

坂上治郎

著者プロフィール

坂上 治郎 JIRO SAKAUE

1967年東京生まれ。北里大学大学院水産学研究科修士課程修了。水産学修士。2000年にパラオ共和国に渡り、ガイドダイバーを経て魚類の研究のために「サザンマリンラボラトリー」を設立。内湾域におけるハゼとテッポウエビの共生における社会構造、フエダイ科における集団産卵行動生態、パラオ沿岸部における稚魚の出現動態などを研究テーマに、パラオの海洋フィールドを昼夜水深を問わず幅広く活動。分類学における研究も積極的に行ない、最近のトピックは生きている化石「パラオムカシウナギ」の発見・学術論文発表など。近年はパラオの淡水域や汽水域（マングローブ域）などの淡水魚類相調査にも力を入れている。
現在は魚治ダイブでダイビングガイドも行なっている（http://uoharudive.jimdo.com）。
主な著書は『Reef Fish Spawning Aggregations: Biology, Research and Management』（共著,Splinger）。他に『マリンアクアリスト』、『アクアライフ』（エムピージェー）など、魚や水中生物に関する雑誌などにも寄稿。『NEO 魚』、『NEO ポケット魚』、『NEO ポケット水の生物』（小学館）、『魚・水の生物のふしぎ』（ポプラ社）などに生態写真を提供。

撮影・解説　坂上治郎
編　集　江藤有摩
デザイン　酒井はによ（はにいろデザイン）
イラスト　池田莉穂
協　力　魚治ダイブ、デイドリームパラオ

参考文献

沖山宗雄（編）(2014) 日本産稚魚図鑑．第2版，東海大学出版会．
中坊徹次（編）(2013) 日本産魚類検索 全種の同定．第3版，東海大学出版会．
田中克・田川正朋・中山耕至（編）(2008) 稚魚学 多様な生理生態を探る，生物研究社．
田中克・田川正朋・中山耕至 (2009) 稚魚 生残と変態の生理生態学，京都大学学術出版会．
千原光雄・村野正昭（編）(1997) 日本産海洋プランクトン検索図説，東海大学出版会．
Leis, J.M. and Carson-Ewart, B.M. (2000) The Larvae of Indo-Pacific Coastal Fishes Brill, Leiden.

真夜中は稚魚の世界

2016年5月15日　初版発行

発行人　黒澤慶司

発行　株式会社エムピージェー
〒221-0001
神奈川県横浜市神奈川区西寺尾2-7-10 太南ビル2F
TEL045（439）0160　FAX045（439）0161
http://www.mpj-aqualife.com/

印刷　株式会社フラッシュウイング

ISBN 978-4-904837-46-7
2016 Printed in Japan

本書のご感想をお送りください。
http://www.mpj-aqualife.com/question_books.html